杭州市常见

园林植物图鉴

马利阳　张丽荣　主编

中国林业出版社
China Forestry Publishing House

图书在版编目（CIP）数据

杭州市常见园林植物图鉴 / 马利阳 , 张丽荣主编 .
-- 北京 : 中国林业出版社 , 2025.3
　ISBN 978-7-5219-2497-8

Ⅰ . ①杭… Ⅱ . ①马… ②张… Ⅲ . ①园林植物—杭
州—图集 Ⅳ . ① S68-64

中国国家版本馆 CIP 数据核字 (2024) 第 007652 号

HANGZHOUSHI CHANGJIAN YUANLIN ZHIWU TUJIAN

责任编辑：贾麦娥

出版发行：中国林业出版社
　　　　　（100009，北京市西城区刘海胡同 7 号，电话 010-83143562）
网　　址：https://www.cfph.net
印　　刷：河北鑫汇壹印刷有限公司
版　　次：2025 年 3 月第 1 版
印　　次：2025 年 3 月第 1 次
开　　本：889mm×1194mm　1/32
印　　张：15.75
字　　数：321 千字
定　　价：188.00 元

《杭州市常见园林植物图鉴》

主　　编　马利阳　张丽荣

编　　者　孟　锐　金世超　潘　哲　朱振肖

　　　　　王　君　刘　洋　程　钊　蔡　明

　　　　　高　雪　李秉玲　黄　河　李湛东

参编单位　杭州市生态环境局

　　　　　生态环境部环境规划院

　　　　　北京林业大学

　　　　　杭州市生态环境局上城分局

　　　　　杭州市生态环境局拱墅分局

　　　　　杭州市生态环境局高新开发区（滨江）分局

　　　　　杭州市生态环境局余杭分局

　　　　　杭州市生态环境局钱塘分局

　　　　　杭州市生态环境局萧山分局

　　　　　杭州市生态环境局临平分局

　　　　　杭州市生态环境局富阳分局

前言

　　杭州，这座城市山明水秀，是当之无愧的生态文明之都，其充满诗意与灵秀的园林景观向来为人称道。从西湖边垂柳依依、桃花灼灼，到灵隐寺旁古木参天、竹影婆娑，丰富的植物种类，不仅赋予了杭州独特的韵味与生机，更是城市生物多样性的重要体现。为了让社会公众深入了解杭州园林植物的种类与特点，基于2022—2023年杭州城区陆生高等植物调查的工作成果，筛选了杭州园林绿地中常见应用且具有代表性的观赏植物70科125属180种（含亚种及变种），形成了这本《杭州市常见园林植物图鉴》。

　　本书根据园林植物的主要应用特性，分为乔木篇、灌木篇和草本（藤本）篇，采用基于分子系统发育的现代植物分类系统，参考了APG IV被子植物分类系统、克里斯滕许斯裸子植物分类系统和蕨类植物PPG分类系统，全篇排列顺序与之相对应，植物名称采用《中国植物志》（电子版）记录并修订的植物中文名称和学名，俗名主要参考其他植物志和当地常见用名，书中图片大部分为技术组实地调查采集所得，部分细节图已标注拍摄者来源。

　　本书介绍了杭州园林中应用较为广泛的植物名称、科属、物候、习性、生境及园林应用价值等信息，并配以图片展示其主要形态特征，希望能够为园林工作者、植物爱好者和市民游客服务，能从图鉴中了解园林之美，获取有益知识，开启一场探索杭州园林植物世界的精彩之旅。因撰写时间紧迫，疏漏不足之处难以避免，请广大专家学者们予以指正。

本书形成过程中还得到了来自中国科学院植物研究所、中国环境科学研究院、杭州植物园等单位和学者的指导支持，在此一并表示感谢！

作者

2024 年 6 月

目录

灌木篇

草本（藤本）篇

乔木篇

　　乔木是多年生木本植物，主要特征是有明显独立的主干，植株高度通常超过 3 米，树冠与主干分化且分枝点较高。乔木以其高大的身姿和挺拔的气质，成为杭州市园林景观中的重要元素，不仅能够为园林增添绿意和文化意境，还为人们提供了阴凉和休憩的场所。

　　本篇收录了杭州市园林绿地常见的罗汉松、水杉、玉兰、樟等乔木类植物 28 科 42 属 58 种，读者通过本章可以更好地了解乔木在杭州市园林中的重要地位，以及它们如何为城市增添自然之美。

苏铁科

01 苏铁 *Cycas revoluta*

别名　铁树、凤尾蕉

- -

科属　苏铁科　苏铁属

- -

　　形态特征　茎干圆柱状，常在基部或下部生不定芽，有时分枝顶端密被很厚的茸毛；干皮灰黑色，具宿存叶痕。羽状复叶多数，羽片呈"V"字形伸展，羽片直或近镰刀状，革质，基部微扭曲，具刺状尖头，中央微凹，中脉两面绿色，上面微隆起或近平坦，下面显著隆起，横切面呈"V"字形。

雄球花圆柱形，有急尖头，有黄褐色茸毛；大孢子叶扁平，密生黄褐色长茸毛。种子倒卵圆形或卵圆形，稍扁，熟时朱红色。

物候期 孢子叶球期 5~7 月，种子 9~10 月成熟。在我国南方热带及亚热带南部 10 龄以上的植株几乎每年开花结实，长江流域及北方各地栽培的苏铁常终生不开花，或偶尔开花结实。

习性 喜暖热湿润环境，不耐寒冷，耐干旱，生长甚慢，寿命约 200 年。

种子　　　　　　　　　　　　　　林绘文 摄

生境　多栽培于肥沃湿润和微酸性的土壤。

产地及分布　产于福建、台湾、广东，其他各地常有栽培。在福建、广东、广西、江西、云南、贵州及四川东部等地多栽植于庭园，江苏、浙江及华北各地多栽于盆中，冬季置于温室越冬。日本、印度尼西亚也有。

应用　优美的观赏树种，茎内淀粉及种子可食，种子含油约20%；叶、种子入药，有收敛止咳、止血之效。

银杏科

02 银杏 *Ginkgo biloba*

别名 公孙树、白果

科属 银杏科 银杏属

形态特征 高可达 40 米，胸径 4 米。树皮灰褐色，纵裂。大枝斜展，1 年生长枝淡褐黄色，2 年生枝变为灰色；短枝黑灰色。叶扇形，上缘有浅或深的波状缺刻，有时中部缺裂较深，基部楔形，有长柄；叶簇生在短枝上。

雄球花生于短枝顶端叶腋或苞腋，长圆形，下垂，淡黄色；雌球花数个生于短枝叶丛中，淡绿色。种子椭圆形，成熟时黄或橙黄色，被白粉。

物候期　花期 3~4 月，种子 9~10 月成熟。

习性　喜光树种，深根性，能生于酸性土壤（pH4.5）、石灰性土壤（pH8）及中性土壤上，但不耐盐碱土及过湿的土壤。

生境　生长于海拔 500~1000 米、酸性（pH5~5.5）黄壤、排水良好地带的天然林中，常与柳杉、榧树、蓝果树等针阔叶树种混生，生长旺盛。

雄球花

林秦文 摄

产地及分布　为中生代孑遗的稀有树种，我国特产，仅浙江天目山分布有野生状态的种群，国家一级保护野生植物。栽培区甚广，北自沈阳，南达广州，东起华东海拔 40~1000 米的地带，西南至贵州、云南西部海拔 2000 米以下的地带均有栽培。

应用　树形优美，春夏季叶色嫩绿，秋季变成黄色，颇为美观，广泛用于庭园树及行道树。种子供食用（多食易中毒）及药用，种子的肉质外种皮含白果酸、白果醇及白果酚，有毒。

枝叶

松科

03 **白皮松** *Pinus bungeana*

别名 白骨松、三针松

科属 松科 松属

形态特征 高可达 30 米，胸径可达 3 米。有明显的主干。枝较细长，斜展，形成宽塔形至伞形树冠；幼树树皮光滑，灰绿色，长大后树皮呈不规则的薄块片状脱落，露出淡黄绿色的新皮，老树树皮灰白色；1 年生枝灰绿色，无毛。冬芽红褐色，卵圆形，无树脂。针叶 3 针一束，叶鞘脱落。雄球花卵圆形或椭圆形，长约1厘米，多数聚生于新枝基部呈穗状，长 5~10 厘米。

物候期　花期 4~5 月，球果翌年 10~11 月成熟。

习性　喜光树种，耐瘠薄土壤及较干冷的气候。

生境　天然分布于气候冷凉的酸性石山上，在土层深厚、湿润肥沃的钙质土或黄土上生长最好。

树干

产地及分布　我国特有树种，产于山西（吕梁山、中条山、太行山）、河南西部、陕西秦岭、甘肃南部及天水麦积山、四川北部江油观雾山及湖北西部等地，生长于海拔 500~1800 米的地带。北京、苏州、杭州、衡阳等地均有栽培。

应用　木材可供房屋建筑、家具、文具等用材；种子可食；树姿优美，树皮白色或褐白相间，极为美观，为优良的庭园树种。

叶

04　湿地松　*Pinus elliottii*

别名　古巴松、美国松

科属　松科　松属

形态特征　原产地高达 30 米，胸径 90 厘米。树皮灰褐色或暗红褐色，纵裂成鳞状块片剥落。小枝粗壮，橙褐色，后变为褐色至灰褐色。叶两针或三针一束。球果圆锥形或窄卵圆形，有梗，成熟后至翌年夏季脱落；种鳞的鳞盾近斜方形，肥厚，有锐横脊，鳞脐瘤状；种子卵圆形，黑色，有灰色斑点，易脱落。

物候期　花期 3~4 月，果期翌年 10~11 月。

习性　喜光树种，极不耐阴，较耐旱，抗风力强，耐水湿，根系可耐海水灌溉，但针叶不抗盐分的侵袭，耐40℃的绝对高温和–20℃的绝对低温。

生境　适生于低山丘陵地带、夏雨冬旱的亚热带气候地区。

产地及分布　原产美国东南部暖带潮湿的低海拔地区。我国湖北武汉，江西吉安，浙江安吉、余杭，江苏南京、江浦，安徽泾县，福建闽侯，广东广州、台山，广西柳州、桂林，台湾等地有引种栽培。

应用　为我国长江以南广大地区很有发展前途的造林树种，亦可作庭园树或丛植、群植，宜植于河岸池边。

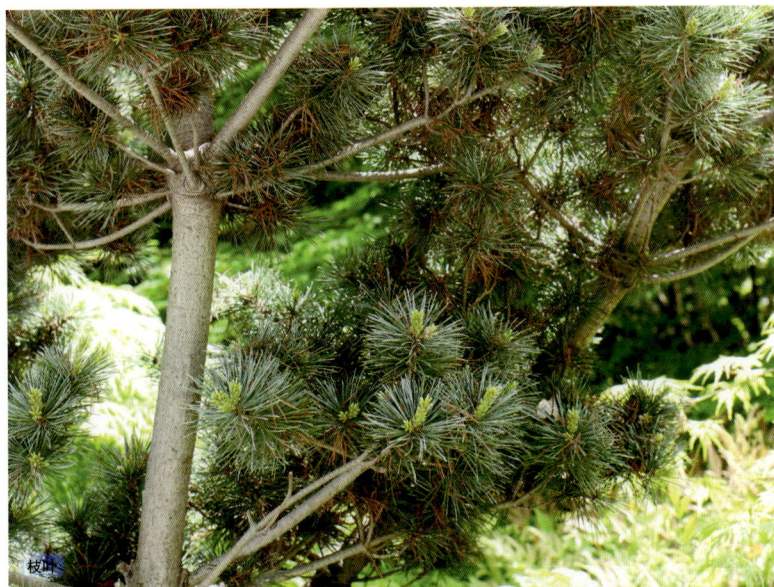

枝叶

05　日本五针松　*Pinus parviflora*

别名　五钗松、日本五须松

科属　松科　松属

形态特征　在原产地高达 25 米，胸径 1 米。幼树树皮淡灰色，平滑，大树树皮暗灰色，裂成鳞状块片脱落；枝平展，树冠圆锥形；一年生枝幼嫩时绿色，后呈黄褐色，密生淡黄色柔毛。冬芽卵圆形，无树脂。针叶 5 针一束，横切面三角形。球果卵圆形或卵状椭圆形，无柄，熟时种鳞张开；种子为不规则倒卵圆形，近褐色，具宽翅，翅与种子近等长。

习性　耐寒，喜光，忌酷暑和烈日，不耐盐碱，较耐旱，忌水渍，耐肥能力差，喜疏松肥沃、排水良好的中性及微酸性腐殖土。

生境　分布在海拔 1500 米的山地。

产地及分布　原产日本。我国长江流域各大城市及山东青岛等地已普遍引种栽培。

应用　作庭园树或作盆景用。

球果　林泰　摄

06　雪松　*Cedrus deodara*

别名　香柏、宝塔松

科属　松科　雪松属

形态特征　在原产地高达 75 米，胸径 4.3 米，枝下高很低。树皮深灰色，裂成不规则的鳞状块片；大枝平展，枝梢微下垂，树冠宽塔形。针叶长 2.5~5 厘米，宽 1~1.5 毫米，先端锐尖，常呈三棱状，幼叶气孔线被白粉。雌球果卵圆形、宽椭圆形或近球形，长 7~12 厘米，熟前淡绿色，微被白粉，熟时褐色或栗褐色；种子近三角形，连翅长 2.2~3.7 厘米。

物候期　花期 10~11 月，球果翌年 10 月成熟。

习性　喜阳光充足，稍耐阴，耐酸性土，耐微碱。

生境　分布于海拔 1300~3300 米的地带。

产地及分布　产阿富汗至印度。我国北京、旅顺、大连、青岛、徐州、上海、南京、杭州、南平、庐山、武汉、长沙、昆明等地已广泛栽培作庭园树。

应用　可作建筑、桥梁、造船、家具及器具等用。终年常绿，树形美观，亦为普遍栽培的庭园树。

罗汉松科

07 短叶罗汉松 *Podocarpus chinensis*

别名 短叶土杉、小罗汉松

科属 罗汉松科　罗汉松属

形态特征 小枝密，向上伸展。叶条形，长 2~7 厘米，宽 3~7 毫米，先端钝，基部楔形，全缘，上下两面中脉隆起，有叶柄。雄球花长穗状，3~7 簇生于叶腋；雌球花单生于叶腋，有梗。种子卵球形，直径 1~1.2 厘米，

熟时肉质假种皮呈紫红色或紫色，有白粉，肉质种托红色或紫红色，梗长
1~1.5 厘米。

物候期　花期 4 月，5~6 月种子成熟。

习性　喜半阴或散射光，适应性强，不耐水涝，忌积水。

生境　野生短叶罗汉松常生长在林缘、溪谷或其他湿润的环境中；喜温
暖湿润的气候，在山坡、路旁、庭院等地都可见其身影。

产地及分布　原产日本。我国江苏、浙江、福建、江西、湖南、湖北、
陕西、四川、云南、贵州、广西、广东等地均有栽培。

应用　可作庭园树，也可作盆栽。

柏科

08 龙柏 *Juniperus chinensis* 'Kaizuca'

别名　龙爪柏、爬地龙柏、匍地龙柏

科属　柏科　刺柏属

形态特征　高可达 20 米，胸径达 3.5 米。树冠圆柱状或柱状塔形。树皮深灰色，纵裂；枝条向上直展，常有扭转上升之势，小枝密，在枝端呈几相等长之密簇。叶二型，即刺叶及鳞叶，刺叶生于幼树之上，老龄树则全为

叶片

鳞叶，壮龄树兼有刺叶与鳞叶，鳞叶排列紧密，幼嫩时淡黄绿色，后呈翠绿色。雌雄异株，稀同株。球果蓝色，微被白粉。

物候期　花期4月，果期10月。

习性　喜光，稍耐阴。喜温暖、湿润环境，抗寒，抗干旱，忌积水，较耐盐碱，对二氧化硫和氯气抗性强，但对烟尘的抗性较差。

生境　适生于干燥、肥沃、深厚的土壤。

产地及分布　产我国内蒙古乌拉山、河北、山西、山东、江苏、浙江、福建等地；朝鲜、日本也有分布。

应用 公园篱笆绿化首选苗木，多被种植于庭园作美化用途，也可用于公园、庭园、绿墙和高速公路中央隔离带等。

叶片

09 水杉 *Metasequoia glyptostroboides*

别名 梳子杉

科属 柏科 水杉属

形态特征 高可达 50 米，胸径可达 2.5 米。树干基部常膨大；树皮灰色、灰褐色或暗灰色，幼树裂成薄片状脱落，大树裂成长条状脱落，内皮淡紫褐色。大枝不规则轮生，小枝对生或近对生；叶、芽鳞、雄球花、雄蕊、珠鳞与种鳞均交互对生。叶线形，质软，在侧枝上排成二列，羽状，冬季与枝一同脱落。雄球花排成总状或圆锥状花序，雌球花单生侧生小枝顶端。球果下垂近球形，种鳞木质盾形；种子扁平，周围有窄翅。

物候期 花期 4~5 月，球果 10~11 月成熟。

习性 喜光，耐寒性强，耐水湿能力强，在轻盐碱地可以生长，不耐贫瘠和干旱，生长快。

雌球花 林泰文 摄

生境 在河流两旁、湿润山坡及沟谷中栽培很多，也有少数野生树木，常与杉木、茅栗、锥栗、枫香树、漆树、灯台树、响叶杨、利川润楠等树种混生。

产地及分布 我国特产，野生种群仅分布于重庆石柱土家族自治县和湖北利川市磨刀溪、水杉坝一带及湖南西北部龙山及桑植等地，国家一级保护野生植物。我国各地普遍引种，北至辽宁草河口、辽东半岛，南至广东广州，东至江苏、浙江，西至云南昆明、四川成都、陕西武功。

应用 生长快，可作长江中下游、黄河下游、南岭以北、四川中部以东广大地区的造林树种及"四旁"绿化树种。树姿优美，是著名的庭园树种。

10 落羽杉 *Taxodium distichum*

别名 落羽松

科属 柏科 落羽杉属

形态特征 在原产地高达 50 米，胸径 2 米。干基通常膨大，常有屈膝状的呼吸根，树皮棕色。枝条水平开展，幼树树冠圆锥形，老则呈宽圆锥状。新生幼枝绿色，冬季变为棕色。叶扁平条形，基部扭转，在小枝上列成二列，羽状，淡绿色，凋落前变成暗红褐色。雄球花卵圆形，有短梗，在小枝顶端排列成总状或圆锥花序。球果有短梗，熟时淡褐黄色，被白粉；种鳞木质盾形；种子不规则三角形，褐色。

物候期　花期 3 月，球果 10 月成熟。

习性　强喜光树种，耐水湿，适应性强，能耐低温、干旱、涝渍和土壤瘠薄，抗污染，抗台风，且病虫害少，生长快。

生境　常见于平原地区及湖边、河岸、水网地区，能生长于排水不良的沼泽地上。

产地及分布　原产北美东南部。我国广州、杭州、上海、南京、武汉、庐山及河南鸡公山等地有引种栽培，生长良好。

应用　江南低湿地区已用之造林或栽培作庭园树。

林泰文　摄

秋色叶

11　玉兰　*Yulania denudata*

别名　木兰、玉堂春、迎春花、望春花、白玉兰

科属　木兰科　玉兰属

形态特征　高可达 25 米，胸径 1 米。枝广展，形成宽阔的树冠；树皮深灰色，粗糙开裂；小枝稍粗壮，灰褐色；冬芽及花梗密被淡灰黄色长绢毛。叶纸质，倒卵形、宽倒卵形或倒卵状椭圆形，先端宽圆、平截或稍凹，具短突尖，叶柄长 1~2.5 厘米，被柔毛。花蕾卵圆形，花先叶开放，直立，芳香，直径 10~16 厘米；花梗显著膨大，密被淡黄色长绢毛；花被片 9 片，

白色，基部常带粉红色，雄蕊长 7~12 毫米，花药长 6~7 毫米；雌蕊群淡绿色，无毛，圆柱形，长 2~2.5 厘米。聚合果圆柱形（在庭园栽培中常因部分心皮不育而弯曲），长 12~15 厘米，直径 3.5~5 厘米；蓇葖厚木质，褐色，具白色皮孔；种子心形，侧扁，高约 9 毫米，宽约 10 毫米，外种皮红色，内种皮黑色。

物候期　花期 2~3 月（亦常于 7~9 月再开一次花），果期 8~9 月。

习性　喜光耐寒，但偏好温暖和湿润的气候。适宜在疏松、肥沃、排水良好的土壤中生长，喜欢微酸性的砂质土壤，生长迅速。

叶

生境 生长于海拔 500~1000 米的林中。

产地及分布 在我国江西、浙江、湖南、贵州均有野生分布；现全国各大城市园林广泛栽培。

应用 材质优良，纹理直，结构细，供家具、图板、细木工等用；花蕾入药与辛夷功效同；花含芳香油，可提取配制香精或制浸膏；花被片食用或用以熏茶；种子榨油供工业用。早春白花满树，艳丽芳香，为驰名中外的庭园观赏树种。

果

冬芽

花

12 二乔玉兰 *Yulania × soulangeana*

别名 二乔木兰

科属 木兰科 玉兰属

形态特征 高6~10米，小枝无毛。叶纸质，倒卵形，长6~15厘米，宽4~7.5厘米，先端短急尖。是玉兰与辛夷的杂交种，花蕾卵圆形，花先叶开放，花被片6~9，外轮3片花被片常较短，约为内轮长的2/3；花瓣内面白色，外面浅红色至深红色，一花双色的特点明显，以三国时期东吴的"大乔""小乔"为其命名为"二乔"。聚合果长约8厘米，直径约3厘米；蓇葖卵圆形或倒卵圆形，长1~1.5厘米，熟时黑色，具白色皮孔；种子深褐色，宽倒卵圆形或倒卵圆形，侧扁。

物候期 花期 2~3 月，果期 9~10 月。

习性 喜光，稍耐阴，耐寒，可耐 –20℃ 的短暂低温，不耐旱，不耐水涝，喜肥沃、排水良好而带微酸性的砂质土壤，在弱碱性的土壤上亦可生长，可抗二氧化硫和氯气等有害气体。

生境　适合生长于气候温暖地区，排水良好的土壤环境。

产地及分布　兼具杂交亲本的抗逆性，适应性很强，在世界各地广泛栽培，我国华东、西南地区广为栽培，华北地区的庭院也有栽培。

应用　因其早春色香俱全的特点，具有很高的观赏价值，广泛用于公园、绿地和庭园等孤植观赏，也可用于排水良好的沿路及沿江河生态景观建设。

冬芽

13 荷花木兰 *Magnolia grandiflora*

别名　广玉兰、洋玉兰、荷花玉兰

科属　木兰科　木兰属

形态特征　在原产地高达 30 米。树皮淡褐色或灰色，薄鳞片状开裂；小枝粗壮，具横隔的髓心；小枝、芽、叶下面、叶柄均密被褐色或灰褐色短茸毛；叶厚革质，长椭圆形或倒卵状椭圆形，长 10~20 厘米，表面亮绿色，无托叶痕。花白色，有芳香，直径 15~20 厘米；花被片 9~12，厚肉质，倒卵形。聚合果圆柱状长圆形或卵圆形，径 4~5 厘米，密被褐色茸毛；种子近卵圆形或卵形，径约 6 毫米，外种皮红色。

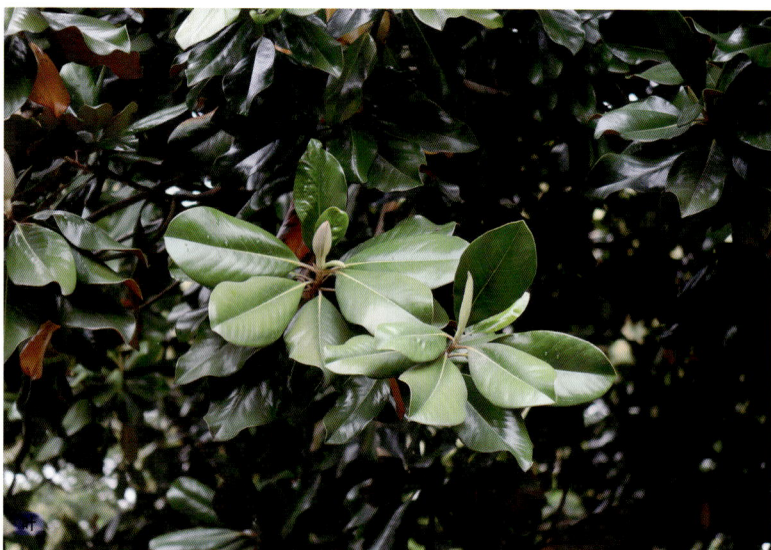

物候期　花期 5~6 月，果期 9~10 月。

习性　喜温暖湿润气候，抗污染，不耐碱土，幼苗颇耐阴，较耐寒，颇抗风，根系广；耐烟抗风，对二氧化硫等有害气体有较强的抗性。

生境　适生于干燥、肥沃、湿润与排水良好的微酸性或中性土壤，在碱性土种植易发生黄化，忌积水、排水不良。

产地及分布　原产北美洲东南部，我国长江流域以南各城市有栽培；兰州及北京公园也有广泛栽培，超过 150 个栽培品系。

应用　作园景树、行道树、庭荫树，宜孤植、丛植或成排种植；此外，还是净化空气、保护环境的优良树种。

14 鹅掌楸 *Liriodendron chinense*

别名 马褂木

科属 木兰科 鹅掌楸属

形态特征 高可达 40 米，胸径 1 米以上。小枝灰色或灰褐色。叶马褂状，长 4~12 厘米，近基部每边具 1 侧裂片，先端具 2 浅裂，叶柄长 4~8 厘米。花杯状，花被片 9，外轮 3 片绿色，萼片状，向外弯垂，内两轮 6 片，直立，花瓣状，倒卵形，长 3~4 厘米，绿色，具黄色纵条纹。聚合果长 7~9 厘米；具翅的小坚果长约 6 毫米，顶端钝或钝尖，具种子 1~2 粒。

物候期 花期 5 月，果期 9~10 月。

习性 喜光及温和湿润气候，有一定的耐寒性，喜深厚肥沃、适湿而排水良好的酸性或微酸性土壤，在干旱土地上生长不良，也忌低湿水涝。

生境 生长于海拔 900~1000 米的山地林中或林缘，多呈零散分布，也有组成小片纯林的。

产地及分布 我国陕西、安徽、浙江、江西、福建、湖北、湖南、广西、四川、贵州、云南、台湾有栽培；越南北部有分布。

应用 树干通直，叶形奇特，为优美珍贵庭园树种；叶和树皮入药；木材是建筑、造船、家具、细木工的优良用材。

花

刘冰 摄

樟科

15 樟 *Camphora officinarum*

别名　香樟、芳樟

科属　樟科　樟属

形态特征　高可达 30 米。树冠广卵圆形；树皮黄褐色，有不规则纵裂；枝叶及木材均具樟脑气味。叶互生，卵状椭圆形，先端急尖，基部宽楔形至近圆形，全缘，软骨质，有时呈微波状，具离基三出脉，侧脉及支脉脉腋具腺窝；叶柄长 2~3 厘米，无毛。圆锥花序长达 7 厘米，具多花。果卵圆形或近球形，紫黑色，果托杯状，顶端平截。

物候期　花期 4~5 月，果期 8~11 月。

习性　喜光、稍耐阴，喜温暖湿润气候，耐寒性不强。适植于深厚肥沃的酸性或中性砂壤土，较耐水湿，根系发达，深根性。

生境　常野生于山沟和沟谷中。主要生长在亚热带肥沃的向阳山坡、谷底和河岸平地。

产地及分布　主要分布于我国长江以南，尤以台湾、福建、江西、湖南、四川等栽培较多；越南、朝鲜、日本也有分布，其他各国常有引种栽培。

应用　是行道树、庭荫树、风景林、防风林和隔音林带的优良树种。香樟对氯气、二氧化碳等有害气体的抗性较强，也是工厂绿化的理想选择。

果

16 木姜子 *Litsea pungens*

科属 山姜子、木香子

科属 樟科　木姜子属

形态特征 高可达 10 米；树皮灰白色。幼枝黄绿色，被柔毛。顶芽圆锥形，鳞片无毛。叶互生，常聚生于枝顶，披针形或倒卵状披针形，先端短尖，膜质，羽状脉，叶脉在两面均突起。伞形花序腋生；每一花序有雄花 8~12 朵，先叶开放；花被裂片 6，黄色，倒卵形。果球形，成熟时蓝黑色；果梗先端略增粗。

物候期　花期 3~5 月，果期 7~9 月。

习性　喜温暖至高温湿润气候，耐干旱，但不耐寒，耐贫瘠，对土质的适应范围广。

生境　生长于海拔 800~2300 米的溪旁和山地阳坡杂木林中或林缘。

产地及分布　产我国湖北、湖南、广东北部、广西、四川、贵州、云南、西藏、甘肃、陕西、河南、山西南部、浙江南部。

应用　香料树种，现已广泛用于制作高级香料；种子含脂肪油 48.2%，可供制皂和工业用。

花和叶

棕榈科

17 **丝葵** *Washingtonia filifera*

别名 华棕、老人葵

科属 棕榈科 丝葵属

形态特征 株高达 18~21 米。树干基部通常不膨大，向上为圆柱状。叶基密集，不规则，叶大型，叶片直径达 1.8 米，掌状 50~70 中裂，裂片边缘有垂挂的纤维丝。花小，两性，乳白色，几无梗，生于细长肉穗花序的小分

支上，花序大型，弓状下垂，长于叶，花萼管状钟形，花药披针状箭头形。浆果状核果球形，熟时黑色。

物候期　花期 7 月。

习性　较耐寒，较耐旱和耐瘠薄土壤，不宜在高温、高湿处栽培；适应性强，生长快。

生境　喜湿润、温暖、向阳的环境。

产地及分布　原产美国西南部的加利福尼亚州和亚利桑那州，以及墨西哥的下加利福尼亚州。我国福建、台湾、广东及云南有引种栽培。

应用　孤植于庭院之中观赏或列植于大型建筑物前及道路两旁，是极好的绿化树种，宜栽植于庭园观赏，也可作行道树。

18 棕榈 *Trachycarpus fortunei*

别名 棕树

科属 棕榈科 棕榈属

形态特征 高 3~10 米或更高；树干圆柱形，不分枝，被不易脱落的老叶柄基部和密集的网状纤维；叶簇生茎端，掌状裂至中部以下，裂片较硬直，叶片近圆形，叶柄两侧具细圆齿。花序粗壮，雌雄异株；圆锥花序，花小，黄绿色，卵球形。果实阔肾形，有脐，成熟时由黄色变为淡蓝色，有白粉；种子胚乳角质。

物候期　花期 4 月，果期 12 月。

习性　喜温暖湿润气候，不耐寒，抗大气污染，耐轻盐碱，耐干旱、水湿。

生境　通常仅见栽培于"四旁"，常野生于疏林中，海拔上限 2000 米左右；在长江以北虽可栽培，但冬季茎须裹草防寒。

产地及分布　原产我国，分布于长江以南各地；日本也有栽培。

应用　树形优美，是庭园绿化的优良树种；花、果、种子可入药；棕皮供制棕绳、蓑衣和毛刷等。

19 蒲葵 *Livistona chinensis*

别名 扇叶葵、葵树

科属 棕榈科 蒲葵属

形态特征 叶阔肾状扇形，掌状深裂至中部，裂片线状披针形，顶部长渐尖，两面绿色；叶柄长，下部两侧有下弯、黄绿色或淡褐色短刺。肉穗圆锥花序，腋生，约 6 个分支花序，总梗具 6~7 个佛焰苞。花萼裂至基部成 3 个宽三角形裂片，裂片覆瓦状排列；花冠 2 倍长于花萼，几裂至基部；雄蕊 6，花丝合生成环，花小，两性，黄绿色。核果椭圆形，黑褐色；种子椭圆形。

物候期 花果期 4 月。

习性 喜光，喜温暖湿润气候，不耐寒，抗风，抗大气污染，能耐短期水涝，惧怕北方烈日暴晒。在肥沃、湿润、有机质丰富的土壤中生长良好。

生境 栽于庭院或住宅旁。

产地及分布 原产我国华南地区；中南半岛亦有分布。

应用 庭园观赏植物和良好的"四旁"绿化树种，也是一种经济林树种，用其嫩叶可编制葵扇，老叶可制蓑衣等，叶裂片的肋脉可制牙签；果实及根入药。

叶

20 合欢 *Albizia julibrissin*

别名 马缨花、绒花树

科属 豆科 合欢属

形态特征 高可达 16 米。树冠开展；小枝有棱角，嫩枝、花序和叶轴被茸毛或短柔毛；托叶线状披针形，早落。二回羽状复叶，总叶柄近基部及最顶一对羽片着生处各有 1 枚腺体，小叶 10~30 对，线形至长圆形，向上偏斜，先端有小尖头，有缘毛，中脉紧靠上边缘。头状花序于枝顶排成圆锥花序，花粉红色，花萼管状，花萼、花冠外均被短柔毛。荚果带状，嫩荚有柔毛，老荚无柔毛。

物候期　花期 6~7 月，果期 8~10 月。

习性　性喜光，但树干皮薄畏暴晒，喜温暖湿润气候，耐旱、耐土壤瘠薄及轻度盐碱，不耐水涝，对二氧化硫、氯化氢等有害气体有较强的抗性。

生境　生长于山坡、道路两旁或栽培于公园、庭院等处。

叶

产地及分布　原产美洲南部，分布于我国黄河流域至珠江流域各地；非洲、中亚至东亚均有分布。

应用　常作为城市行道树、观赏树种植。心材黄灰褐色，边材黄白色，耐久性好，多用于制作家具；嫩叶可食，老叶可以洗衣服；树皮供药用，有驱虫之效。

蔷薇科

21 梅 *Prunus mume*

别名 春梅、干枝梅

科属 蔷薇科 李属

形态特征 高可达 10 米。小枝绿色，无毛。叶卵形或椭圆形，长 4~8 厘米，先端尾尖，基部宽楔形或圆形，具细小锐锯齿，幼时两面被柔毛，老时下面脉腋具柔毛；叶柄长 1~2 厘米，幼时具毛，常有腺体。花单生或 2 朵

叶

生于 1 芽内，香味浓，先叶开放；花梗长 1~3 毫米，常无毛；花萼常红褐色，萼筒宽钟形，无毛或被柔毛，萼片卵形或近圆形；花瓣倒卵形，白色或粉红色。果近球形，径 2~3 厘米，熟时黄色或绿白色，被柔毛，味酸；果肉黏核。

物候期　花期冬春，果期 5~6 月（在华北果期延至 7~8 月）。

习性　喜光，喜温暖湿润气候，耐寒性不强，较耐干旱，不耐涝。

生境　生长于海拔 300~800 米的山坡阳处至海拔 2000 米甚至更高的地方。

产地及分布 原产我国南方，已有 3000 多年的栽培历史，无论作观赏或果树均有许多品种。各地均有栽培，但以长江流域以南各地最多，江苏北部和河南南部也有少数品种，某些品种在华北引种成功；日本和朝鲜也有。

应用 露地栽培供观赏，还可以栽为盆花，制作梅桩。鲜花可提取香精，花、叶、根和种仁均可入药。果实可食、盐渍或干制，或熏制成乌梅入药，有止咳、止泻、生津、止渴之效。梅又能抗根结线虫危害，可作核果类果树的砧木。

花　刘冰 摄

22　桃　*Prunus persica*

别名　油桃、盘桃

科属　蔷薇科　李属

形态特征　高可达 8 米。树冠宽广而平展，树皮暗红褐色，老时粗糙呈鳞片状；小枝无毛；冬芽被柔毛。叶披针形，先端渐尖，基部宽楔形，具锯齿。花单生，先叶开放，径 2.5~3.5 厘米；花梗极短或几无梗；萼筒钟形，被柔毛，稀几无毛，萼片卵形或长圆形，被柔毛；花瓣长圆状椭圆形或宽倒卵形，粉红色，稀白色；花药绯红色。核果卵圆形，成熟时向阳面具红晕；

果肉多色，多汁有香味，甜或酸甜。

物候期　花期 3~4 月，果成熟期因品种而异，常 8~9 月。

习性　喜光，较耐旱，不耐水湿，喜夏季高温的暖温带气候，具一定耐寒能力。

生境　喜生长于海拔高、光照强、降水量少的干旱地区。

产地及分布　原产我国，各地广泛栽培。世界各地均有栽植。

应用　用作观赏植物，果实可食。桃树干上分泌的胶质，俗称桃胶，可用作黏结剂等，为一种聚糖类物质，水解能生成阿拉伯糖、半乳糖、木糖、鼠李糖、葡糖醛酸等，可食用，也可供药用，有破血、和血、益气之效。

23 碧桃 *Prunus persica* 'Duplex'

别名 千叶桃花

科属 蔷薇科 李属

形态特征 高 3~8 米。树冠宽广而平展；树皮暗红褐色，老时粗糙呈鳞片状；小枝细长，无毛，有光泽，绿色，阳处转变成红色，具大量小皮孔；冬芽圆锥形，顶端钝，2~3 个簇生，叶芽居中，两侧花芽。叶披针形，先端渐尖，基部宽楔形，具锯齿。花单生，先叶开放；花瓣长圆状椭圆形或宽倒卵形，粉红色，稀白色；花药绯红色。核果卵圆形，成熟时向阳面具红晕。

物候期 花期 3~4 月，果期 7~9 月。

习性 喜光，耐旱，不耐潮湿，耐寒性好。

生境 喜温暖的气候环境，适宜生长在肥沃且排水良好的土壤中，不喜积水。

产地及分布 原产我国，分布在西北、华北、华东、西南等地，现世界各地均已引种栽培，在我国江苏、山东、浙江、安徽、上海、河南、河北等地和主要城市均有栽植。

应用 是我国传统名花，园林绿化中被广泛用于湖滨、溪流、道路两侧和公园等地，可列植、片植、孤植，也可作盆栽、切花和制作盆景。

花

菊花桃　*Prunus persica* 'Kikumomo'

科属　蔷薇科　李属

形态特征　高 3~5 米。树干灰褐色，小枝细长，灰褐色至红褐色，无毛，有光泽，绿色，向阳处转变成红色，冬芽圆锥形，常数个簇生，中间为叶芽，两侧为花芽。叶片椭圆状披针形。花生于叶腋，粉红色或红色，重瓣，盛开时犹如菊花，花梗极短或几无梗；萼筒钟形，花药绯红色；子房被短柔毛。花先于叶开放或花、叶同放。

物候期　花期 3~4 月，花后一般不结果。

习性　喜阳光充足、通风良好的环境，耐干旱、高温和严寒，不耐阴，忌水涝。

生境　适宜在阳光充足、通风良好的环境和疏松肥沃、排水良好的中性至微酸性土壤中生长。

产地及分布　原产我国，后失传。20世纪80年代中期又从日本引种。

应用　可用于庭院及行道树栽植，也可栽植于广场、草坪以及庭院或其他园林场所。菊花桃可盆栽观赏或制作盆景，还可剪下花枝瓶插观赏。

花　　　林泰文　摄

25　紫叶李

Prunus cerasifera 'Atropurpurea'

别名　红叶李、真红叶李

科属　蔷薇科　李属

形态特征　高可达 8 米。干皮紫灰色，多分枝，小枝暗红色，无毛；冬芽卵圆形，紫红色，有时鳞片边缘有稀疏缘毛。叶片椭圆形、卵形或倒卵形，紫红色；托叶膜质，披针形，先端渐尖，边有带腺细锯齿，早落。花1朵，稀2朵；花梗长1~2.2厘米；花瓣长圆形，粉中透白，花叶同放，萼筒钟状，萼片长卵形，先端圆钝，边有稀疏浅锯齿。核果近球形或椭圆形，黄色、红色或黑色，微被蜡粉，常早落。

物候期 花期4月，果期8月。

习性 喜光，喜温暖湿润气候，对土壤适应性强，耐水湿，根系较浅，萌生力强。

生境 园林观叶树种，适宜阳光充足、温暖湿润的环境。常种植于山坡林、石砾坡地或水畔边坡等处。

叶

产地及分布 原种原产我国新疆，现在华北及其以南地区广为种植；中亚、天山、伊朗、小亚细亚、巴尔干半岛均有分布。

应用 红色叶树种，孤植、群植皆宜，能衬托背景。生长迅速，红叶、红枝有很高的观赏价值。

26 东京樱花 *Prunus × yedoensis*

别名　日本樱花、吉野樱

科属　蔷薇科　李属

形态特征　高 4~16 米，树皮灰色。小枝淡紫褐色，无毛，嫩枝绿色，被疏柔毛；冬芽卵圆形，无毛。叶片椭圆卵形或倒卵形，长 5~12 厘米，先端渐尖或骤尾尖，基部圆形，稀楔形，缘有尖锐重锯齿，有腺体，背脉及叶柄具柔毛。花序伞形总状，总梗极短，有花 3~4 朵，先叶开放；花瓣白色或粉红色，花瓣 5，先端凹缺，有香气；萼筒短管状而有毛，萼片有细尖腺齿。核果近球形，直径 0.7~1 厘米，黑色，核表面略具棱纹。

物候期　花期 4 月，果期 5 月。

习性 喜光、喜温、喜湿、喜肥，根系分布浅，不抗旱，不耐涝不抗风。

生境 适合在年均气温 10~12℃，年均降水量 600~700 毫米，年日照时数 2600~2800 小时以上的气候条件下生长。

产地及分布 原产日本；我国各地城市庭园有栽培，如北京、西安、青岛、南京、南昌等地。

应用 园艺品种很多，供观赏用。

树枝

27 枇杷 *Eriobotrya japonica*

79
乔木篇

科属 蔷薇科 枇杷属

形态特征 高可达 10 米；小枝粗壮，密生锈色或灰棕色茸毛。叶片革质，披针形或长圆形，长 12~30 厘米，先端渐尖，边缘有疏锯齿，叶表面光亮多皱，叶背面密生灰棕色茸毛；叶柄短或几无柄，被灰棕色茸毛。花顶生，多数组成圆锥花序，长 10~19 厘米，总花梗、花梗及苞片均密生锈色茸毛；萼筒浅杯状，萼片三角状卵形，外面有锈色茸毛；花瓣白色，长圆形或卵形，基部具爪。果实球形或长圆形，黄色或橘黄色，外有锈色柔毛，不久脱落。

物候期 花期 10~12 月，果期翌年 5~6 月。

叶

习性　喜光，喜温暖湿润的气候，较耐寒，但冬季长期低于 −5℃可能冻伤枝叶和花芽。以疏松肥沃、排水良好的微酸性或中性土壤为宜。

生境　根系不耐水涝，种植时选择地势稍高或开沟排水，避免根系积水。抗风能力较弱，台风季节需防护。

产地及分布　产我国华中、华东、华南至西南东部一带，各地广泛栽培，四川、湖北有野生。日本、印度及东南亚有栽培。

应用　美丽的观赏树木和果树。流传有宋·杨万里《枇杷》、明·归有光《项脊轩志》等诗文名篇。果味甘酸，广受喜爱，供生食、蜜饯和酿酒用；叶晒干去毛，可供药用，有化痰止咳、和胃降气之效。木材红棕色，可作木梳、手杖、农具柄等用。

花

28 垂丝海棠 *Malus halliana*

别名 海棠花

科属 蔷薇科 苹果属

形态特征 高达5米，树冠开展。小枝微弯曲，初有毛，旋脱落；冬芽卵形，无毛或仅鳞片边缘有柔毛。叶片卵形或椭圆形至长椭卵形，长3.5~8厘米，先端长渐尖，基部楔形至近圆形，缘有圆钝细锯齿，上面深绿色，有光泽并常带紫晕；托叶小，膜质，披针形，内面有毛，早落。伞房花序，具花4~6朵，花梗细弱下垂，有稀疏柔毛，紫色；萼筒外面无毛；萼片三角状卵形，花瓣倒卵形，基部有短爪，粉红色，常在 5 数以上。果实梨形或倒卵形，略带紫色，成熟很迟，萼片脱落。

物候期　花期 3~4 月，果期 9~10 月。

习性　喜光，喜温暖湿润气候，不耐寒冷和干旱。

生境　生长于海拔 50~1200 米的山坡丛林中或山溪边。

产地及分布　产我国江苏、浙江、安徽、陕西、四川、云南等地。

应用　各地常见栽培供观赏用，有重瓣、白花等变种。

果

29 西府海棠 *Malus × micromalus*

别名　小果海棠、海红

科属　蔷薇科　苹果属

形态特征　高 3~5 米。小枝紫褐色或暗褐色；小枝、叶片及花梗幼时皆有短柔毛，后脱落。伞形总状花序有花 4~7 朵，生于小枝顶端，花梗长 2~3 厘米；萼筒外面密生白色柔毛，萼裂片披针形，内外均密生柔毛；花粉红色，直径约 4 厘米；雄蕊约 20；花柱 5。梨果近球形，幼时疏生白色短柔毛，以后脱落无毛，直径 1~1.5 厘米，红色，基部柄洼下陷，萼裂片多数脱落，少数宿存。

枝

物候期　花期 4~5 月，果期 8~9 月。

习性　喜光，能耐寒及耐旱，不耐高湿、高温。

生境　生长于海拔 100~2400 米。

产地及分布　产我国辽宁、河北、山西、山东、陕西、甘肃、云南等地。

应用　为常见栽培的果树及观赏树。树姿直立，花朵密集。果味酸甜，可供鲜食及加工用。栽培品种很多，果实形状、大小、颜色和成熟期均有差别，华北有些地区用作苹果或花红的砧木，生长良好，抗旱力较强。

果

榆科

30　榉树　*Zelkova serrata*

别名　光叶榉

科属　榆科　榉属

形态特征　高可达 30 米。树皮灰白色或褐灰色，呈不规则片状剥落；当年生枝紫褐色或棕褐色。叶卵形、椭圆形或卵状披针形，先端渐尖或尾状渐尖，基部稍偏斜。叶面绿色，幼时疏被糙毛，后渐脱落，叶背浅绿色，幼时被短柔毛，后脱落或仅沿主脉两侧残留有稀疏的柔毛，边缘有圆齿状锯齿，具短尖头。雄花具极短梗，花被裂至中部，雌花近无梗。核果几无柄，淡绿色，斜卵状圆锥形，上面偏斜，具背腹脊，网肋明显。

物候期　花期 4 月，果期 9~11 月。

习性　喜光、喜温暖，耐烟尘及有害气体，适生于深厚、肥沃、湿润的土壤，对土壤适应性强，深根性。

生境　生长于海拔 900~1500 米的河谷、溪边疏林中。

产地及分布　产我国辽宁、陕西、甘肃、山东、江苏、安徽、浙江、江西、福建、台湾、河南、湖北、湖南和广东等地；日本和朝鲜也有分布。

应用　用作观赏植物。

叶

31　榔榆　*Ulmus parvifolia*

别名　小叶榆、秋榆

科属　榆科　榆属

形态特征　高可达 25 米。树冠广圆形，树干基部有时呈板根状；树皮灰色或褐色，裂成不规则鳞状薄片剥落，内皮红褐色；当年生枝深褐色，密被短柔毛，冬芽红褐色，无毛。叶小且质地厚，披针状卵形或窄椭圆形，先端尖，基部偏斜，叶面深绿色，有光泽，缘具单锯齿，萌芽枝之叶常有重锯齿。秋季开花，花簇生叶腋。翅果卵圆形或卵状椭圆形，顶端缺口柱头面被毛，果核位于翅果中上部。

物候期 花果期 8~10 月。

习性 喜光、喜温暖湿润气候，耐干旱瘠薄，对土壤适应性强；生根性强，萌芽力强，对有害气体及烟尘抗性强。

生境 生长于平原、丘陵、山坡及谷地。

产地及分布 产我国华北中南部至华东、中南及西南各地，北至山东、河南、山西等地；日本和朝鲜也有分布。

应用 用作观赏植物，适用于园林绿化或盆景，并可用作造林树种；木材坚韧，耐用；树皮、根皮和叶均供药用。

树皮

果　　　　　　　　　　　　　　　　刘冰　摄

大麻科

32　大叶朴　*Celtis koraiensis*

别名　大叶白麻子、白麻子

科属　大麻科　朴属

形态特征　高可达 15 米。冬芽深褐色，内层芽鳞被褐色微毛。叶椭圆形或倒卵状椭圆形，稍倒宽卵形，长 7~12 厘米，先端尾尖，长尖头由平截状顶端伸出，基部宽楔形、近圆形或微心形，具粗锯齿，两面无毛，或下面

疏被柔毛或中脉侧脉被毛；叶柄长 0.5~1.5 厘米。果单生叶腋，近球形或球状椭圆形，径约 1.2 厘米，成熟时橙黄色至深褐色；果柄长 1.5~2.5 厘米；核球状椭圆形，径约 8 毫米，具 4 肋及网孔状凹陷，灰褐色。

物候期 花期 4~5 月，果期 9~10 月。

习性 喜光也稍耐阴。喜温暖湿润气候，抗瘠薄干旱能力特强，抗风、抗烟、抗尘、抗轻度盐碱、抗有害气体。

生境 多生长于海拔 100~1500 米的山坡、沟谷林中。

产地及分布　产我国辽宁（沈阳以南）、河北、山东、安徽北部、山西南部、河南西部、陕西南部和甘肃东部等地。

应用　用作观赏植物。

叶

33 朴树 *Celtis sinensis*

别名 黄果朴、朴仔树

科属 大麻科 朴属

形态特征 高可达 20 米。1 年生枝密被柔毛。芽鳞无毛。叶卵形或卵状椭圆形，长 3~10 厘米，先端尖或渐尖，基部近对称或稍偏斜，近全缘或中上部具圆齿，下面脉腋具簇毛；叶柄长 0.3~1 厘米。果单生叶腋，稀 2~3 集生，近球形，径 5~7 毫米，成熟时黄色或橙黄色；果柄与叶柄近等长或稍短，被柔毛；果核近球形，白色，具肋及蜂窝状网纹。

物候期　花期 3~4 月，果期 9~10 月。

习性　喜光，稍耐阴，耐寒。适温暖湿润气候，有一定耐干旱能力，亦耐水湿及瘠薄土壤，适应力较强。

生境　生长于海拔 100~1500 米的路旁、山坡、林缘。

产地及分布　产我国山东、河南、江苏、安徽、浙江、福建、江西、湖南、湖北、四川、贵州、广西、广东、台湾等地。

应用　用作观赏植物。木材也可供建筑和制作家具等用，树皮纤维可替代麻制绳、织袋，或为造纸原料，种子油可制肥皂或作滑润油。

枝

34 黑弹树 *Celtis bungeana*

别名 黑弹朴、小叶朴

科属 大麻科 朴属

形态特征 高可达 10 米。1 年生枝无毛；芽鳞无毛。叶窄卵形、长圆形、卵状椭圆形或卵形，长 3~7 厘米，先端尖或渐尖，基部宽楔形或近圆形，中上部疏生不规则浅齿，有时一侧近全缘，无毛；叶柄淡黄色，长 0.5~1.5 厘米，上面有沟槽，幼时槽中有短毛，老后脱净。果单生叶腋，稀 2 果并生，近球形，径 6~8 毫米，蓝黑色；果柄无毛，长 1~2.5 厘米；核近球形，肋不明显，近平滑或稍具孔状凹陷，径 4~5 毫米。

叶

树皮　　林泰文　摄

林泰文　摄

物候期　花期 4~5 月，果期 10~11 月。

习性　喜光，稍耐阴，耐寒；喜深厚、湿润的中性黏质土壤。深根性，萌蘖力强，生长较慢。对病虫害、烟尘污染等抗性强。

生境　生长于海拔 150~2300 米的路旁、山坡、灌丛或林边。

产地及分布　产我国辽宁南部和西部、河北、山东、山西、内蒙古、甘肃、宁夏、青海、陕西、河南、安徽、江苏、浙江、湖南、江西、湖北、四川、云南东南部、西藏东部；朝鲜也有分布。

应用　用作观赏植物。

枝

35 珊瑚朴 *Celtis julianae*

别名 棠壳子树

科属 大麻科 朴属

形态特征 高可达 30 米。冬芽深褐色，内层芽鳞被红褐色柔毛。叶宽卵形或卵状椭圆形，长 6~12 厘米，先端骤短渐尖或尾尖，基部近圆形，或一侧圆形，一侧宽楔形，上面稍粗糙，下面密被柔毛，近全缘或上部具浅钝齿；叶柄长 0.7~1.5 厘米。果单生叶腋，椭圆形或近球形，无毛，长 1~1.2 厘米，成熟时金黄色或橙黄色，果柄粗，长 1~3 厘米；核乳白色，倒卵圆形或倒宽卵圆形，长 7~9 毫米，上部具 2 肋，稍网孔状凹陷。

物候期 花期 3~4 月，果期 9~10 月。

习性 喜光，稍耐阴，耐干旱，深根性，生长快。

生境 多生长于海拔 300~1300 米的山坡或山谷林中或林缘。

产地及分布 产我国四川北部和金佛山、贵州、湖南西北部、广东北部、福建、江西、浙江、安徽南部、河南西部和南部、湖北西部、陕西南部。

应用 用作观赏植物。

叶果

壳斗科

36　苦槠　*Castanopsis sclerophylla*

别名　结节锥栗、槠栗

科属　壳斗科　锥属

形态特征　高可达 15 米。树皮纵裂，片状脱落；小枝绿色，无毛，常有棱沟。叶革质，长椭圆形，先端短尖或短尾状，基部宽楔形或近圆形，中部以上具锯齿，稀全缘，老叶下面银灰色或有浅褐色蜡层。雄花序常单穗腋

生。坚果单生于球状总苞，壳斗近球形，壳斗小苞片突起连成脊肋状圆环，不规则瓣裂；果近球形；子叶平凹，有涩味。

物候期　花期 4~5 月，果期 10~11 月。

习性　喜光，喜肥沃、湿润土壤，稍耐阴，耐干旱瘠薄，对二氧化硫等有害气体抗性强；深根性，萌芽性强。

生境　生长于海拔 200~1000 米的丘陵或山坡疏林或密林中，常与杉、樟混生，村边、路旁时有栽培。

产地及分布　产我国长江以南、五岭以北各地，西南地区仅见于四川东部及贵州东北部。

应用　可用于风景林、城市绿化或防护林带；果味苦，可做豆腐食用。木质坚硬致密，耐久，是优良建筑、家具等用材。

果

杨梅科

37 杨梅 *Morella rubra*

别名　数梅、圣生梅

科属　杨梅科　杨梅属

形态特征　高可达 15 米以上。树皮灰色，老时纵向浅裂；小枝及芽无毛。叶互生，楔状倒卵形或长椭圆状倒卵形，革质，先端渐尖，基部楔形，全缘，稀中上部疏生锐齿，下面疏被金黄色腺鳞。雄花序单生或数序簇生叶腋，花药暗红色，无毛，雌花序单生叶腋。核果球形，具乳头状凸起；果皮肉质，多汁液及树脂，味酸甜，熟时深红色或紫红色，内果皮硬木质。

物候期　花期 4 月，果期 6~7 月。

习性　稍耐阴，不耐烈日直射，不耐寒，喜温暖湿润气候及酸性土壤，对有害气体抗性强。深根性，萌芽性强。

生境　野生于我国温带、亚热带湿润气候，海拔 125~1500 米的山坡或山谷林中。

产地及分布　产我国江苏、浙江、台湾、福建、江西、湖南、贵州、四川、云南、广西和广东；日本、朝鲜和菲律宾也有分布。

应用　我国江南的著名水果；树皮富含单宁，可用作赤褐色染料及医药上的收敛剂。

叶

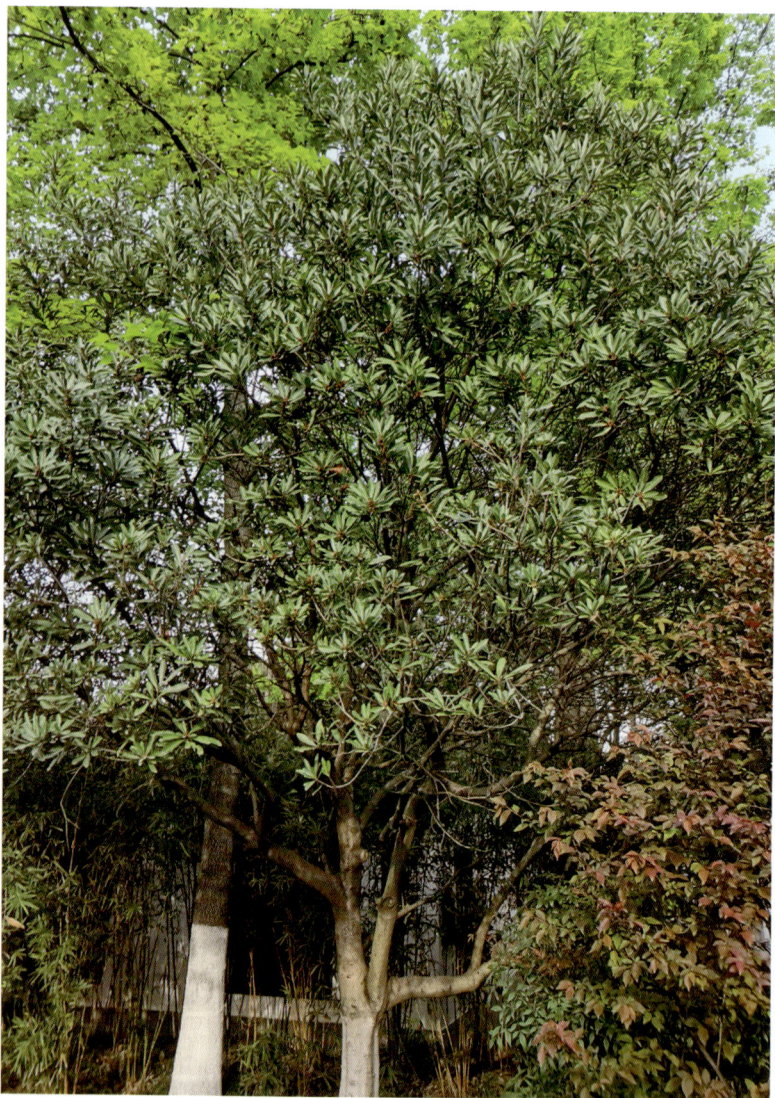

胡桃科

38 枫杨 *Pterocarya stenoptera*

别名　蜈蚣柳、麻柳

科属　胡桃科　枫杨属

形态特征　高可达 30 米。裸芽具柄，常几个叠生，密被锈褐色腺鳞。偶，稀奇数羽状复叶，叶轴具窄翅；小叶多枚，无柄，长椭圆形或长椭圆状披针形，先端短尖，基部楔形至圆形，具内弯细锯齿。雌柔荑花序顶生，长 10~15 厘米，花序轴密被星状毛及单毛；雌花苞片无毛或近无毛。果序长

叶

20~45厘米，果序轴常被毛；果长椭圆形，长6~7毫米，基部被星状毛；果翅条状长圆形，长1.2~2厘米，宽3~6毫米。

物候期　花期4~5月，果期8~9月。

习性　喜光，适应性强，颇耐寒，耐低湿；深根性，生长快。

生境　生长于海拔1500米以下的沿溪涧河滩、阴湿山坡地的林中。

产地及分布 产我国陕西、河南、山东、安徽、江苏、浙江、江西、福建、台湾、广东、广西、湖南、湖北、四川、贵州、云南，华北和东北仅有栽培。

应用 现已广泛栽植作庭园树或行道树。树皮和枝皮含鞣质，可提取栲胶，亦可作纤维原料；果实可作饲料和酿酒，种子还可榨油。

果

杜英科

39 杜英 *Elaeocarpus decipiens*

别名 羊屎树、胆八树

科属 杜英科 杜英属

形态特征 高可达 15 米。嫩枝及顶芽初时被微毛，不久变秃净，干后黑褐色。叶革质，披针形或倒披针形，长 7~12 厘米，先端渐尖，基部下延，上面深绿色，干后发亮，两面无毛，侧脉 7~9 对，边缘有小钝齿；叶柄长 1

厘米。总状花序多生于叶腋及无叶的去年生枝条上，花序轴纤细，花白色，萼片披针形，花瓣倒卵形，花药顶端无附属物。核果椭圆形，长 2~2.5 厘米，外果皮无毛，内果皮骨质，有多数沟纹，1 室，种子长 1.5 厘米。

物候期　花期 6~7 月。

习性　稍耐阴，喜温暖湿润气候，耐寒性不强，根系发达；萌芽力强，耐修剪；生长速度中等偏快，对二氧化硫抗性强。

生境　生长于海拔 400~700 米，在云南上升到海拔 2000 米的林中。

产地及分布 产我国广东、广西、福建、台湾、浙江、江西、湖南、贵州和云南；日本有分布。

应用 可作行道树；种子油可作肥皂和滑润油；木材为栽培香菇的良好用材；树皮可制染料。

林泰文 摄

杨柳科

40 绦柳 *Salix matsudana* 'Pendula'

别名 旱垂柳

科属 杨柳科 柳属

形态特征 植株较高。大枝斜上，树冠广圆形，树皮暗灰黑色，有裂沟，枝条细长下垂，褐绿色，无毛；冬芽线形，密着于枝条，小枝黄色。叶为披针形，边缘具腺状小锯齿，上面浓绿色，下面苍白色或带白色，先端长渐尖，叶柄短。花序与叶同时开放，雄花序圆柱形，多少有花序梗，轴有长毛；雌花有 2 腺体，花序较雄花序短，小叶生于短花序梗上，轴有长毛，无花柱或很短，柱头卵形，近圆裂。果为蒴果。

物候期 花期 4 月，果期 4~5 月。

习性 喜光，耐寒性强，耐水湿也耐干旱，对空气污染、二氧化硫的抗性强。

生境 栽培于都市庭园中，尤其喜生长于水池或溪流边。

产地及分布 产我国东北、华北平原、西北黄土高原，西至甘肃、青海，南至淮河流域以及浙江、江苏；朝鲜、日本、俄罗斯远东地区也有分布。

应用 可作庭荫树、行道树，亦用作公路树、防护林及沙荒造林；宜制作家具或用于雕刻，细的柳枝还可用于编制柳筐、帽等用具和其他轻巧的工艺品。

大戟科

41　乌桕　*Triadica sebifera*

别名　腊子树、柏子树

科属　大戟科　乌桕属

形态特征　高 5~10 米。各部均无毛；枝灰褐色，具皮孔。叶互生，纸质，叶片菱形，顶端短渐尖，基部阔而圆，全缘；中脉两面微凸起，多互生，网脉明显；叶柄纤弱，顶端具 2 腺体；托叶三角形。花单性，雌雄同株，聚集成顶生总状花序，雌花生于花序轴下部，雄花生于花序轴上部或有时整个花序全为雄花。蒴果近球形，成熟时黑色，横切面呈三角形，种子外薄被白色、蜡质的假种皮。

物候期　花期 4~8 月，果期 10~11 月。

习性　喜光，耐瘠薄，耐短期积水，对土壤适应性强。抗风、抗有害气体，生长快速。

生境　生长于旷野、塘边和疏林。

产地及分布　主要分布于我国黄河以南各地，包括甘肃南部、湖北、贵州、云南和广西等地；日本、越南、印度及欧洲亦有栽培。

应用　用作观赏植物，在园林绿化中可栽作护堤树、庭荫树及行道树。

果　　　　林泰文 摄

千屈菜科

42 紫薇 *Lagerstroemia indica*

别名 千日红、痒痒树

科属 千屈菜科 紫薇属

形态特征 高可达 7 米。树皮平滑，灰色或灰褐色；小枝具 4 棱，略呈翅状。叶互生或有时对生，纸质，椭圆形、阔矩圆形或倒卵形，长 2.5~7 厘米，顶端短尖或钝形，有时微凹，基部阔楔形或近圆形，无毛或下面沿中脉有微柔毛，侧脉 3~7 对；无柄或叶柄很短。花淡红色或紫色、白色，常组成 7~20 厘米的顶生圆锥花序；花瓣 6，皱缩，具长爪。蒴果椭圆状球形或阔椭圆形，幼时绿色至黄色，成熟时或干燥时呈紫黑色。

物候期　花期 6~9 月，果期 9~12 月。

习性　半阴生，喜肥沃湿润的土壤，也耐旱，不论钙质土或酸性土都生长良好。

生境　常生于海拔 1900~2500 米的屋宅旁。

产地及分布　我国广东、广西、湖南、福建、江西、浙江、江苏、湖北、河南、河北、山东、安徽、陕西、四川、云南、贵州及吉林均有生长或

花

栽培。

应用　已广泛栽培为庭园观赏树，有时亦作盆景。木材坚硬、耐腐，可作农具、家具、建筑等用材。树皮、叶及花可入药。

叶

花 王昕彦 摄

桃金娘科

43 菲油果 *Acca sellowiana*

别名 费约果、南美稔

科属 桃金娘科 野凤榴属

形态特征 高约 5 米。枝圆柱形，灰褐色。叶片革质，椭圆形或倒卵状椭圆形，长 6~8.5 厘米，宽 3.4~3.7 厘米。花直径 2.5~5 厘米；花瓣外面有灰白色茸毛，内面带紫色；雄蕊与花柱略红色。浆果卵圆形或长圆形，直径约 1.5 厘米，外面有灰白色茸毛，顶部有宿存的萼片。

物候期　花期 5~6 月，果期 9~11 月。

习性　喜光、喜温暖、耐旱、耐碱，生长需要充足的水分，否则会引起落果。对土壤要求不高，但宜种植于肥沃、排水良好、微酸性的土壤。

生境　常生长于山野中。

产地及分布　原产南美洲的巴西南部、阿根廷北部、巴拉圭和乌拉圭西部；新西兰、日本、澳大利亚、法国和中国等均有引种栽培。

应用　适宜庭院绿化或盆栽，花瓣、果实可食用。

果

肖翠 摄

果

44 红千层 *Callistemon rigidus*

别名 瓶刷木、金宝树

科属 桃金娘科 红千层属

形态特征 树皮坚硬，灰褐色，不易剥落；嫩枝有棱，初时有长丝毛，后无毛。叶坚革质，线形，先端尖锐，初时有丝毛，不久脱落，油腺点明显，干后突起，中脉在两面均突起，侧脉明显，边脉位于边上，突起；叶柄极短。穗状花序生于枝顶；萼管略被毛，萼齿半圆形，近膜质；花瓣绿色，卵形，有油腺点，雄蕊鲜红色，花药暗紫色，椭圆形，花柱比雄蕊稍长，先端绿色，其余红色。蒴果半球形，先端平截，萼管口圆，果瓣稍下陷；种子条状。

物候期　花期 6~8 月。

习性　喜光，喜温暖湿润气候，不耐寒、不耐阴，耐旱、耐瘠薄，喜排水良好的微酸性土壤。

生境　常生长于森林、草地或沿海地区。

产地及分布　原产澳大利亚；我国广东及广西有栽培。

应用　栽培供观赏，是极佳的水景植物。

45 溪畔白千层 *Melaleuca bracteata*

别名 千层金、黄金串钱柳

科属 桃金娘科 白千层属

形态特征 树高可达 6~8 米，树冠锥形。主干直立，小枝柔软下垂，微红色，被柔毛。叶互生，金黄色，披针形或狭长圆形，长 1~2 厘米，宽 2~3 毫米，先端尖，基出脉 5，具油腺点，有浓郁芳香味。穗状花序生于枝顶，花后花序轴能继续伸长，花瓣绿白色，萼管卵形，先端 5 小圆齿裂，花瓣 5 片，雄蕊多数，分成 5 束，花柱略长于雄蕊。果实为蒴果，近球形，3 裂。

物候期　花期 4~5 月，果期 6 月至翌年 3 月。

习性　喜光，喜温暖湿润气候，抗旱、抗涝、抗风，耐修剪、耐高温和短期低温，对土壤适应性强；深根性。

生境　野生于临海地区。

产地及分布　原产澳大利亚；我国南方大部分地区广为栽培。

应用　可作为家庭盆栽、切花配叶、公园造景、修剪造型等，也适用于滨海及人工填海造地的绿化造景、防风固沙等。

无患子科

46 **复羽叶栾** *Koelreuteria bipinnata*

别名 灯笼树、摇钱树

科属 无患子科 栾属

形态特征 高可达 20 余米。二回羽状复叶，小叶 9~17，互生，稀对生，斜卵形，长 3.5~7 厘米，先端短尖，缘有齿，基部稍微偏斜。顶生圆锥花序，分枝广展，与花梗均被柔毛；萼 5 裂达中部，裂片宽卵状三角形或长圆形，有短而硬的缘毛及流苏状腺体，边缘啮蚀状；花瓣 4，黄色，长圆状披针形，被长柔毛，鳞片 2 深裂。蒴果椭圆形或近球形，具 3 棱，淡紫红色，熟时褐色。

物候期　花期 7~9 月，果期 8~10 月。

习性　喜光，喜温暖湿润气候，深根性，适应性强，耐干旱，抗风，抗大气污染，速生。

生境　生长于海拔 400~2500 米的山地疏林中。

产地及分布　产我国云南、贵州、四川、湖北、湖南、广西、广东等地。模式标本采自云南洱源。

应用　速生树种，常栽培于庭园供观赏，也可作庭荫树及行道树。木材可制家具；种子油工业用。

叶

47 红枫

Acer palmatum 'Atropurpureum'

别名　红鸡爪槭、紫红鸡爪槭

科属　无患子科　槭属

形态特征　高 5~8 米。树冠伞形，枝条开张，细弱。单叶对生，近圆形，薄纸质，掌状 7~9 深裂，裂深常为全叶片的 1/3~1/2，基部心形，裂片卵状长椭圆形至披针形，先端尖，有细锐重锯齿，背面脉腋有白簇毛。伞房花序径 6~8 毫米，萼片暗红色，花瓣紫色。果长 1~2.5 厘米，两翅开展成钝角。叶片常年红色或紫红色，枝条紫红色。

叶

果

物候期　花期 5 月，果期 9~10 月。

习性　喜光但忌烈日暴晒，较耐阴，对土壤要求不严，适宜在肥沃、富含腐殖质的酸性或中性砂壤土中生长，不耐水涝。

生境　性喜湿润、温暖的气候和凉爽的环境。

产地及分布　主要分布在我国亚热带，特别是长江流域，全国大部分地区均有栽培。主要生产基地有江苏、浙江、安徽、江西、山东、湖南等。

应用　观赏价值高，宜布置在草坪中央、高大建筑物前后、角隅等地。

花

48 鸡爪槭 *Acer palmatum*

别名　七角枫、鸡爪枫

科属　无患子科　槭属

形态特征　高 5~8 米。树冠伞形，枝条开张，细弱。单叶对生，近圆形，薄纸质，掌状 7~9 深裂，裂深常为全叶片的 1/3~1/2，基部心形，裂片卵状长椭圆形至披针形，先端尖，有细锐重锯齿，背面脉腋有白簇毛。伞房花序径 6~8 毫米，萼片暗红色，花瓣紫色。果长 1~2.5 厘米，两翅开展成钝角。

物候期 花期 5 月，果期 9~10 月。

习性 耐半阴，喜温暖湿润气候及肥沃、湿润而排水良好的土壤，耐寒性不强，耐酸碱，较耐旱，不耐水涝。

生境 生长于海拔 200~1200 米的林边或疏林中。

产地及分布 产我国山东、河南南部、江苏、浙江、安徽、江西、湖北、湖南、贵州等地；朝鲜和日本也有分布。

应用 可作行道树和观赏树栽植，还可植于花坛中作主景树，植于园门两侧、建筑物角隅，装点风景；作盆栽用于室内美化，也极为雅致。

叶

果

林秦文 摄

49 樟叶槭 *Acer coriaceifolium*

别名 桂叶槭、小果革叶槭

科属 无患子科 槭属

形态特征 高 10~20 米。树皮粗糙。当年生嫩枝淡紫色，有淡黄色茸毛。叶革质，长圆状披针形或披针形，稀长圆状卵形，全缘；上面绿色，无毛，下面被淡黄褐色茸毛，常有白粉；侧脉 4~6 对；叶柄淡紫色，嫩时有茸毛。伞房状花序，雄花与两性花同株；萼片淡绿色，长圆形，花瓣淡黄色，倒卵形，雄蕊长于花瓣。翅果长 3~3.5 厘米，果翅张开成钝角。

物候期　花期 3 月，果期 7~9 月。

习性　耐寒性强。

生境　生长于海拔 1500~2500 米的疏林中。

产地及分布　产我国浙江南部、福建、江西、湖北西南部、湖南、贵州、广东北部和广西东北部。

应用　四季常绿，是优良的庭院观赏树种，适于丛植或群植，可作早春花灌木或园林小品、雕塑的背景，也是良好的山地风景林树种。

果

50　无患子　*Sapindus saponaria*

别名　黄金树、洗手果

科属　无患子科　无患子属

形态特征　高可达 20 余米，树皮灰色，不裂。嫩枝绿色，无毛。偶数（罕为奇数）羽状复叶，小叶 8~14，常近对生，叶薄纸质，长椭圆状披针形，长 7~15 厘米或更长，先端尖，基部楔形、歪斜，无毛。圆锥花序顶生；花小而黄白色，花瓣 5，披针形；萼片卵形或长圆状卵形，外面基部被疏柔毛；

花盘碟状，无毛；雄蕊 8，伸出，花丝长约 3.5 毫米，中部以下密被长柔毛。核果肉质，直径约 2 厘米，熟时褐黄色，干后黑色。

物候期　花期 5~6 月，果期 10 月。

习性　喜光，稍耐阴，耐寒能力较强。对土壤要求不严，深根性，抗风力强。不耐水湿，能耐干旱。萌芽力弱，不耐修剪。生长较快，寿命长。

生境　各地寺庙、庭园和村边常见栽培。

产地及分布　原产我国长江流域以南各地以及中南半岛、印度和日本。

应用　优良的观叶、观果树种；果皮可以制作日常洗涤用品；果核用于制作天然工艺品及佛教念珠，种仁含油量高，用来提取油脂。

叶及花序

七叶树 *Aesculus chinensis*

别名 日本七叶树、浙江七叶树

科属 无患子科　七叶树属

形态特征 高可达 25 米，树皮深褐色或灰褐色。小枝无毛或嫩时有微柔毛，冬芽有树脂。掌状复叶 5~7 小叶，叶柄长 10~12 厘米，小叶纸质较薄，长圆状披针形至长圆状倒披针形，背面绿色，微有白粉，侧脉 18~22 对，小叶柄常无毛，较长，中间小叶的叶柄长 1.5~2 厘米，旁边的长 0.5~1 厘米。圆锥花序较长而狭窄，常长 30~36 厘米，花萼无白色短柔毛。蒴果黄褐色，果壳较薄；种子栗褐色，种脐白色而较小，仅占种子面积的 1/3 以下。

果

物候期　花期 4~5 月，果期 10 月。

习性　喜光，稍耐阴；喜温暖气候，也能耐寒；喜深厚、肥沃、湿润而排水良好的土壤。深根性，萌芽力强；生长速度中等偏慢，寿命长。

生境　自然分布在海拔 700 米以下的山地，仅秦岭有野生。

产地及分布　我国河北南部、山西南部、河南北部、陕西南部均有栽培。

应用　可作行道树和庭园树；木材细密可制作各种器具；种子可作药用，榨油可制造肥皂。

叶

芸香科

52 柚 *Citrus maxima*

别名 文旦、抛

科属 芸香科 柑橘属

形态特征 嫩枝、叶背、花梗、花萼及子房均被柔毛，嫩叶通常暗紫红色，嫩枝扁且有棱。叶质颇厚，色浓绿，阔卵形或椭圆形。总状花序，有时

兼有腋生单花；花蕾淡紫红色，稀乳白色；花萼不规则3~5浅裂；花柱粗长，柱头略较子房大。果圆球形、扁圆形、梨形或阔圆锥状，横径通常10厘米以上；种子多达200余粒，亦有无子的，形状不规则，通常近似长方形；子叶乳白色，单胚。

物候期　花期4~5月，果期9~12月。

习性　喜温暖湿润气候，需水量大，不耐干旱和久涝。深根性，对土壤适应性强，以砂壤土最佳，较喜散射光。

生境　生长于海拔约1600米的丘陵坡地。

产地及分布　我国长江以南各地，最北限见于河南信阳及南阳一带，全为栽培；东南亚各国有栽种。

应用　果实作水果食用，果肉维生素 C 含量较高。有消食、解酒毒功效。

棟科

53 棟 *Melia azedarach*

别名　苦棟树、金铃子

科属　棟科　棟属

形态特征　高可达 30 米。树皮灰褐色，老时浅纵裂；分枝广展，小枝有叶痕，皮孔多。叶为二至三回奇数羽状复叶，小叶对生，卵形、椭圆形或披针形，先端渐尖，基部楔形或圆形，具钝齿，幼时被星状毛，后脱落。花芳香；花萼 5 深裂，裂片卵形或长圆状卵形；花瓣淡紫色，倒卵状匙形，两

果

面均被毛，花丝筒紫色。核果球形或椭圆形，成熟时淡黄色，经冬不落。

物候期　花期 4~5 月，果期 10~12 月。

习性　喜光，喜温暖湿润气候，耐寒力不强；稍耐干旱瘠薄，对土壤适应性强。萌芽力强，抗风。

生境　生长于低海拔的旷野、路旁或疏林中。

产地及分布　产我国黄河以南各地，广布于亚洲热带和亚热带地区，温带地区也有栽培。

应用　用作观赏植物，江南地区重要的"四旁"绿化及速生用材树种，木材是制作家具、建筑、农具、舟车、乐器等的良好用材，树皮、叶和果可入药。

花

果

蓝果树科

54 喜树 *Camptotheca acuminata*

别名 旱莲木、千丈树

科属 蓝果树科 喜树属

形态特征 高 20 余米。树皮灰色或浅灰色，纵裂成浅沟状。小枝圆柱形，当年生枝紫绿色，有灰色微柔毛，多年生枝浅褐色或浅灰色，无毛。叶互生，纸质，矩圆状卵形或矩圆状椭圆形，全缘，上面亮绿色，下面淡绿色。头状花序近球形，常 2~9 个头状花序组成圆锥花序；花杂性，同株。翅果矩圆形，顶端具宿存的花盘，两侧具窄翅，幼时绿色，干燥后黄褐色，着生成近球形的头状果序。

物候期 花期 5~7 月，果期 9 月。

习性 喜光、喜温暖湿润气候，不耐寒，深根性，萌芽力强，较耐水湿，酸性、中性和碱性土壤均适宜，尤其在石灰岩风化土及冲积土中生长良好。

生境 常生长于海拔 1000 米以下的林边或溪边。

产地及分布 产我国江苏南部、浙江、福建、江西、湖北、湖南、四川、贵州、广东、广西、云南等地，在四川西部成都平原和江西东南部均较常见。

应用 可栽植为庭园树或行道树，树根可作药用。

枝叶

柿科

55　老鸦柿　*Diospyros rhombifolia*

别名　山柿子、野柿子

科属　柿科　柿属

形态特征　高达 8 米左右。树皮灰色，平滑；多刺，分枝低，有枝刺；枝深褐色或黑褐色，无毛，散生椭圆形的纵裂小皮孔。叶纸质，菱状倒卵形，上面沿脉有黄褐色毛，后无毛，下面疏被伏柔毛，脉上较多，侧脉在上面凹陷。雄花序生当年生枝下部，雌花散生当年生枝下部，花冠壶形，子房卵形，

密被长柔毛。果单生，球形，嫩时黄绿色后变橙黄色，熟时橘红色，有蜡样光泽，无毛，顶端有小突尖；种子褐色，半球形或近三棱形。

物候期　花期 4~5 月，果期 9~10 月。

习性　喜光，较耐阴，喜较湿润的气候条件，在土壤肥沃、排水良好处生长旺盛。

生境　生长于山坡灌丛或山谷沟畔林中。

产地及分布　产我国浙江、江苏、安徽、江西、福建等地。

应用　园林观果树种及优良的下木材料，本种的果可提取柿漆，供涂漆渔网、雨具等用。

山茶科

56 茶梅 *Camellia sasanqua*

别名 玉茗、茶梅花

科属 山茶科 山茶属

形态特征 嫩枝有毛。叶革质，椭圆形，长 3~5 厘米，宽 2~3 厘米，先端短尖，基部楔形，有时略圆，上面干后深绿色，发亮，下面褐绿色，无毛，侧脉 5~6 对，网脉不显著；缘有细锯齿，叶柄长 4~6 毫米，稍被残毛。花大小不一，直径 4~7 厘米；苞及萼片 6~7，被柔毛；花瓣 6~7 片，阔倒卵形，近离生，大小不一，红色；雄蕊离生，长 1.5~2 厘米，子房被茸毛，花柱长 1~1.3 厘米，3 深裂几及基部。蒴果球形，宽 1.5~2 厘米，1~3 室，果皮 3 裂；种子褐色，无毛。

物候期　花期 11 月至翌年 1 月。

习性　喜温暖湿润，喜光而稍耐阴的环境，忌强光，忌过湿和干燥。

生境　常生长于海拔 300~800 米处。

产地及分布　分布于日本，多栽培，我国有栽培品种。

应用　具有优良的生态适应性和观赏价值，常在庭院和草坪中孤植或对植，亦可与其他花灌木配置花坛、花境，或作配景材料。

果

木樨科

57 桂花 *Osmanthus fragrans*

别名　木樨、丹桂、刺桂

科属　木樨科　木樨属

形态特征　高 3~5 米，最高可达 18 米；树皮灰褐色。小枝黄褐色，无毛。叶片革质，椭圆形，单叶对生，长 7~14.5 厘米，两端尖，缘有齿；叶

柄长 0.8~1.2 厘米，最长可达 15 厘米，无毛；叶芽具 2~3 叠生芽。花小，淡黄色，浓香，聚伞花序簇生于叶腋。果歪斜，椭圆形，长 1~1.5 厘米，呈紫黑色。

物候期　花期 9~10 月上旬，果期翌年 3 月。

习性　喜光，耐半阴，喜温暖气候，不耐寒，对氯气、二氧化硫、氟化氢等有害气体均有一定的抗性。

生境 生长于海拔 500~1000 米的常绿阔叶林带和 500 米以下的马尾松林带范围内。

产地及分布 原产我国西南部。现各地广泛栽培。

应用 常作园景树，有孤植、对植，也有成丛成林栽种；在中国古典园林中，桂花常与建筑物、山、石相配，以丛生灌木型的植株植于亭、台、楼、阁附近；花为名贵香料，并可作食品香料。

果

冬青科

58　冬青　*Ilex chinensis*

别名　冻青

科属　冬青科　冬青属

形态特征　高可达 13 米；幼枝被微柔毛。叶椭圆形或披针形，稀卵形，长 5~11 厘米，先端渐尖，基部楔形，具圆齿，无毛，侧脉 6~9 对；叶柄长 0.8~1 厘米。复聚伞花序单生叶腋；花序梗长 0.7~1.4 厘米；花梗长 2 毫米，无毛；花淡紫色或紫红色，4~5 基数；花萼裂片宽三角形；花瓣卵形；雄蕊短于花瓣；退化子房圆锥状。果长球形，长 1~1.2 厘米，径 6~8 毫米，熟时红色；分核 4~5，窄披针形，长 0.9~1.1 厘米，背面平滑，凹形，内果皮厚革质。

物候期　花期 4~6 月，果期 7~12 月。

习性　喜光，不耐寒，喜温暖气候，较耐阴湿，萌芽力强，耐修剪。

生境　生长于海拔 500~1000 米的山坡常绿阔叶林中和林缘。

产地及分布　产我国江苏、安徽、浙江、江西、福建、台湾、河南等地。

应用　本种为我国常见的庭园观赏树种；木材坚韧，供细工原料，用于制作玩具、工艺品、工具柄、刷背和木梳等；树皮及种子供药用，为强壮剂，且有较强的抑菌和杀菌作用；叶有清热利湿、消肿镇痛的功效。

叶

花序

灌木篇

灌木通常为多主干、丛生的低矮木本植物，以其多样的形态和丰富的色彩，为杭州的园林增添了无限生机。从孤山梅林到太子湾的杜鹃，灌木不仅美化了环境，还为杭州园林带来了四季的变化和历史文化韵味。

本篇收录了杭州市园林绿地常见的忍冬、杜鹃、绣线菊等灌木植物37科59属85种，读者可以了解到灌木在园林设计中的多样性和重要性，以及它们是如何为城市景观增添色彩和层次的。

木兰科

59 含笑花 *Michelia figo*

别名 香蕉花、含笑

科属 木兰科 含笑属

形态特征 高2~3米，树皮灰褐色。芽、嫩枝、叶柄、花梗均密被黄褐色茸毛。叶革质，狭椭圆形或倒卵状椭圆形，上面有光泽，无毛，下面中脉上留有褐色平伏毛，托叶痕长达叶柄顶端。花直立，淡黄色而边缘有时红色或紫色，具甜浓的芳香，花被片6，肉质，较肥厚，长椭圆形。聚合果，蓇葵卵圆形或球形，顶端有短尖的喙。

物候期　花期 3~5 月，果期 7~8 月。

习性　喜肥，喜半阴，忌强烈阳光直射，怕积水，喜排水良好、肥沃的微酸性壤土。

生境　野生于阴坡杂木林中，溪谷沿岸尤为茂盛。

产地及分布　原产我国华南南部各地。

应用　本种除供观赏外，花有水果甜香，花瓣可拌入茶叶制成花茶，亦可提取芳香油和供药用。

蜡梅科

60　蜡梅 *Chimonanthus praecox*

别名　磬口蜡梅、梅花

科属　蜡梅科　蜡梅属

形态特征　高可达 13 米。幼枝四方形，老枝近圆柱形，灰褐色，无毛或被疏微毛，有皮孔。叶纸质至近革质，卵圆形、椭圆形、宽椭圆形至卵状椭圆形，长 5~25 厘米，宽 2~8 厘米，顶端急尖至渐尖，稀尾尖，下面脉疏被微毛。花着生于第二年生枝条叶腋内，先花后叶，芳香，直径 2~4 厘米；

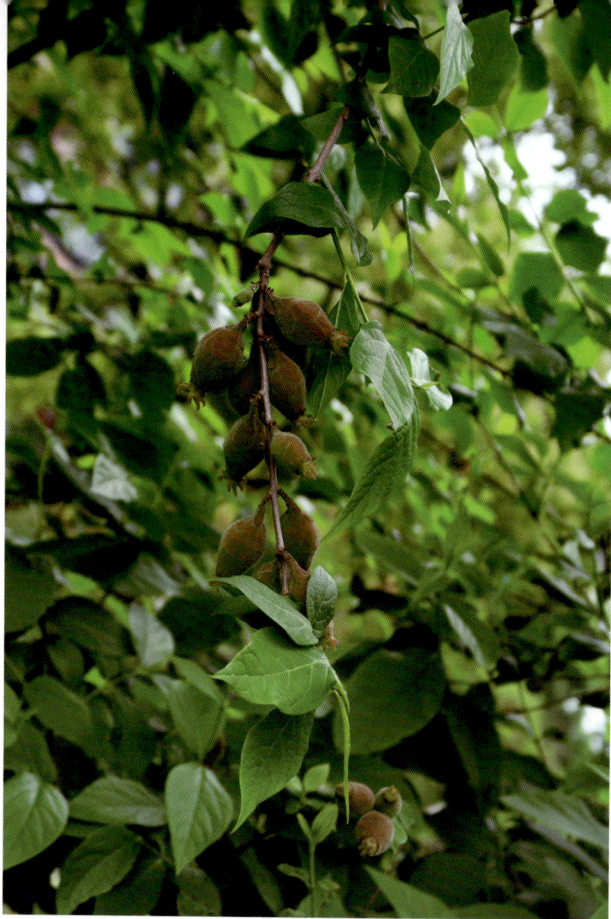

花被片无毛，内部花被片比外部花被片短，基部有爪。果托近木质化，坛状，长 2~5 厘米，直径 1~2.5 厘米，口部收缩。

物候期 花期 11 月至翌年 3 月，果期 4~11 月。

习性 喜光，耐干旱，忌水湿，喜深厚而排水良好的土壤，有一定耐寒性。

生境 生长于山地林中。

产地及分布　野生于我国山东、江苏、安徽、浙江、福建、江西、湖南、湖北、河南、陕西、四川、贵州、云南等地，广西、广东等地有栽培。日本、朝鲜和欧洲、美洲均有引种栽培。

应用　花芳香美丽，优良的园林绿化植物。根、叶可药用。

61 山胡椒 *Lindera glauca*

别名 野胡椒、香叶子

科属 樟科 山胡椒属

形态特征 高可达 8 米。树皮平滑，灰色或灰白色。冬芽（混合芽）长角锥形；幼枝白黄色。叶互生，宽椭圆形、椭圆形、倒卵形至狭倒卵形，长 4~9 厘米，宽 2~4 厘米，上面深绿色，下面淡绿色，纸质，羽状脉；叶枯后不落，翌年新叶发出时落下。伞形花序腋生，总梗短或不明显，每总苞有

果

3~8 朵花；花被片黄色。果实近球形，黑褐色。

物候期　花期 3~4 月，果期 7~8 月。

习性　喜光树种，稍耐阴湿，抗寒力强，以湿润肥沃的微酸性砂质土壤生长最为良好，耐干旱瘠薄，对土壤适应性广。

生境　生长于海拔 900 米左右的山坡、林缘、路旁。

产地及分布　产我国山东昆嵛山以南、河南嵩县以南以及甘肃、山西、江苏、安徽、浙江、江西、福建、台湾、广东、广西、湖北、湖南、四川等地。

应用　在园林中可作绿篱、林缘或墙垣的装饰；木材可制作家具；叶、果皮可提取芳香油；根可药用。

枝叶

枝叶

花

小檗科

62 紫叶小檗 *Berberis thunbergii*

别名 红叶小檗

科属 小檗科 小檗属

形态特征 一般高约 1 米。枝条开展，具细条棱，幼枝淡红带绿色，无毛，老枝暗红色具条棱。叶薄纸质，倒卵形、匙形或菱状卵形，长 1~2 厘米，宽 5~12 毫米，先端钝圆或骤尖，基部狭而呈楔形，全缘，上面绿色，下面灰绿色，两面均无毛。花被黄色，小苞片带红色；花瓣长圆状倒卵形，先端微缺，基部略呈爪状，具 2 枚近靠的腺体。浆果椭圆形，亮鲜红色，无宿存花柱。

物候期　花期 4~6 月，果期 7~10 月。

习性　耐半阴，耐寒性强，耐干旱、瘠薄土壤。

生境　栽于池畔、石旁、墙隅或树下、林下、山坡和林缘等处。

产地及分布　原产于日本，是日本小檗的自然变种，在我国各地广泛栽培。

应用　入秋叶色变红紫，果熟后红艳美丽，具有观赏价值，常栽培于庭园中或路旁作绿化或绿篱用。

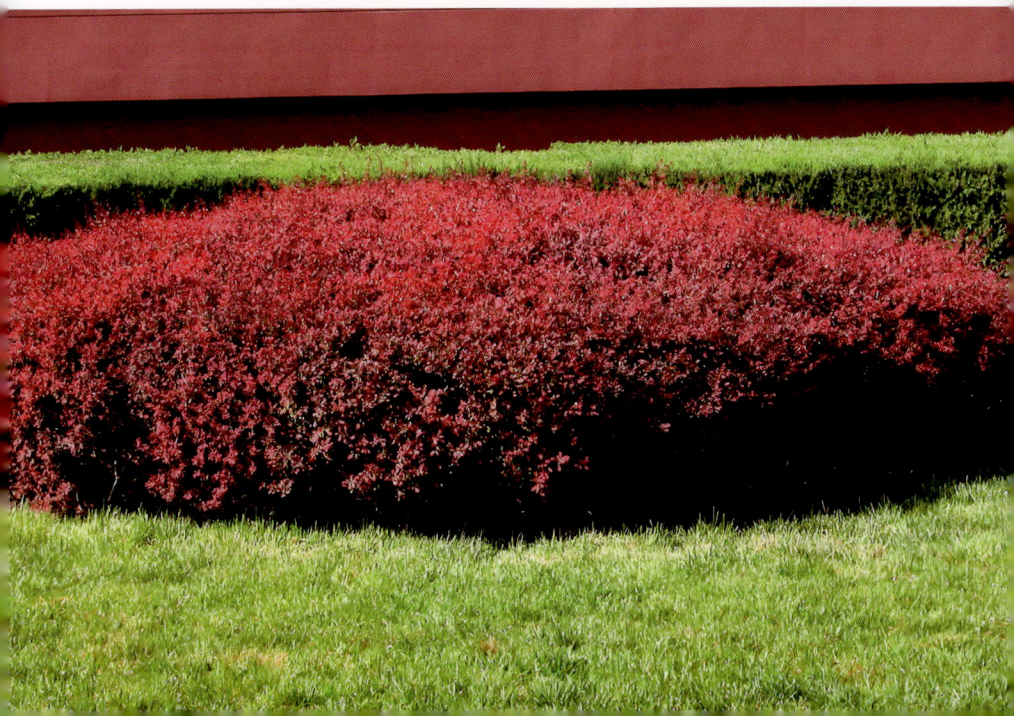

63 十大功劳 *Mahonia fortunei*

别名 细叶十大功劳

科属 小檗科 十大功劳属

形态特征 高 0.5~2 米。叶倒卵形至倒卵状披针形，长 10~28 厘米，宽 8~18 厘米，具 2~5 对小叶，最下一对小叶外形与上部小叶相似，距叶柄基

部 2~9 厘米；小叶无柄或近无柄，狭披针形至狭椭圆形，长 4.5~14 厘米，宽 0.9~2.5 厘米，基部楔形，边缘每边具 5~10 个刺齿。总状花序 4~10 个簇生；花黄色；花瓣长圆形，长 3.5~4 毫米，宽 1.5~2 毫米，基部腺体明显，先端微缺裂，裂片急尖。浆果球形，直径 4~6 毫米，紫黑色，被白粉。

物候期 花期 7~9 月，果期 9~11 月。

习性 耐阴，喜温暖湿润气候，不耐寒。

生境 生长于海拔 350~2000 米的山坡沟谷林中、灌丛中、路边或河边。

产地及分布 产我国广西、四川、贵州、湖北、江西、浙江。

应用 常见栽培观赏，亦可温室盆栽；全株可供药用，有清热解毒、滋阴强壮的功效。

叶

64 阔叶十大功劳 *Mahonia beale*

别名 土黄柏

科属 小檗科 十大功劳属

形态特征 高 0.5~4 米。叶狭倒卵形至长圆形，长 27~51 厘米，宽 10~20 厘米，具 4~10 对小叶；小叶厚革质，硬直，自叶下部往上小叶渐次变长而狭。总状花序直立，通常 3~9 个簇生；苞片阔卵形或卵状披针形，先端钝，长 3~5 毫米，宽 2~3 毫米；花黄色；花瓣倒卵状椭圆形，长 6~7 毫米，宽 3~4 毫米，基部腺体明显，先端微缺。浆果卵形，长约 1.5 厘米，直径 1~1.2 厘米，深蓝色，被白粉。

物候期　花期9月至翌年1月，果期3~5月。

习性　性强健，耐阴，喜温暖气候。

生境　多生长于山坡及灌丛中。

产地及分布　产我国浙江、安徽、江西、福建、湖南、湖北、陕西、河南、广东、广西、四川。

应用　用作观赏植物。全株可供药用。

枝叶

65 南天竹 *Nandina domestica*

别名 蓝田竹、红天竺

科属 小檗科 南天竹属

形态特征 茎常丛生而少分枝，高 1~3 米，光滑无毛，幼枝常为红色，老后呈灰色。叶互生，集生于茎的上部，三回羽状复叶，长 30~50 厘米；二至三回羽片对生；小叶薄革质，椭圆形或椭圆状披针形，上面深绿色，冬季变红色，两面无毛；近无柄。圆锥花序直立；花小，白色，具芳香；花瓣长圆形，先端圆钝。果柄长 4~8 毫米；浆果球形，熟时鲜红色，稀橙红色。

物候期 花期 3~6 月，果期 5~11 月。

习性　喜光，也耐阴，喜温暖湿润气候，耐寒性不强，喜肥沃湿润且排水良好的土壤，是石灰岩钙质土指示植物。

生境　生长于海拔 1200 米以下的山地林下沟旁、路边或灌丛中。

产地及分布　产我国福建、浙江、山东、江苏、江西、安徽、湖南、湖北、广西、广东、四川、云南、贵州、陕西、河南；北美东南部有栽培。

应用　各地庭园常有栽培，为优良观赏植物。根、叶具强筋活络、消炎解毒的功效，果可作镇咳药。

黄杨科

66 黄杨 *Buxus sinica*

别名 瓜子黄杨、黄杨木

科属 黄杨科　黄杨属

形态特征 高 1~6 米。枝有纵棱，灰白色；小枝四棱形，整面被短柔毛或外方相对两侧面无毛。叶革质，阔椭圆形、阔倒卵形、卵状椭圆形或长圆形，先端圆或钝，常有小凹口，叶面光亮，中脉凸出，侧脉明显，叶背中脉上常密被白色短线状钟乳体，全无侧脉，叶柄上面被毛。花序腋生，头状，花密集。蒴果近球形，宿存花柱 3。

枝叶

物候期 花期 3 月，果期 5~6 月。

习性 耐阴，喜半阴湿的环境、喜肥沃松散的壤土，在石灰质泥土中亦能生长。

生境 多野生于海拔 1200~2600 米的山谷、溪边、林下。

产地及分布 产我国陕西、甘肃、湖北、四川、贵州、广西、广东、江西、浙江、安徽、江苏、山东各地，有部分属于栽培。

应用 常引种栽培作庭园观赏植物；园林中常作绿篱、大型花坛修边，修剪成球形或其他整形栽培，或制作盆景；根、叶可入药。

67 小叶黄杨

Buxus sinica var. parvifolia

别名　山黄杨、千年矮

科属　黄杨科　黄杨属

形态特征　黄杨的一个变种，叶为薄革质，阔椭圆形或阔卵形，长7~10毫米，宽5~7毫米，叶面无光或光亮，侧脉明显凸出。蒴果长6~7毫米，无毛。

物候期　花期3月，果期5~6月。

习性　耐阴，喜半阴湿的环境，喜肥沃松散的壤土，在石灰质泥土中亦能生长。

枝叶

生境　多野生于海拔 1000 米左右的岩石上。

产地及分布　产我国安徽、浙江、江西、湖北、重庆等地。

应用　常引种栽培作庭园观赏植物，园林中常作绿篱、大型花坛修边、修剪成球形或其他整形栽培。

68 牡丹 *Paeonia × suffruticosa*

科属　木芍药、鼠姑

科属　芍药科　芍药属

形态特征　高可达 2 米。叶通常为二回三出复叶，顶生小叶宽卵形，3
裂至中部，裂片不裂或 2~3 浅裂；侧生小叶窄卵形或长圆状卵形，不等 2 裂
至 3 浅裂或不裂，近无柄。花单生枝顶，苞片 5，长椭圆形；花瓣 5 或为重

花

瓣，玫瑰色、红紫色、粉红色至白色、黄色，倒卵形，顶端呈不规则的波状。蓇葖长圆形，密生黄褐色硬毛。

物候期　花期4~5月，果期8~9月。

习性　喜温暖而不酷热气候，较耐寒；喜光但忌夏季暴晒，以在弱阴下生长最好；喜深厚肥沃、排水良好、略带湿润的砂质壤土，忌积水；较耐碱。

生境　生长于我国长江流域与黄河流域的山间或丘陵中。

产地及分布　原产我国西部及北部，在秦岭伏牛山、中条山、嵩山均有野生。现在我国栽培甚广，栽培面积较大较集中的有菏泽、洛阳、北京、临夏、彭州、铜陵等地。

应用　在园林中常作专类花园及供重点美化用，亦可盆栽作室内观赏或作切花瓶插用；根皮可供药用。

花

金缕梅科

69 **红花檵木**

Loropetalum chinense var. rubrum

别名 红桎木、红檵木

科属 金缕梅科 檵木属

形态特征 树皮暗灰色或浅灰褐色；多分枝，嫩枝红褐色，密被星状毛。叶革质，互生，卵圆形或椭圆形，先端尖锐，基部钝，歪斜，不对称，两面均有星状毛，全缘，上面暗红色，下面偏灰色。花瓣4枚，紫红色，线形，长 1~2 厘米，有短花梗，比新叶先开放，或与嫩叶同时开放，花序柄被毛，萼筒杯状。蒴果卵圆形，先端圆；种子卵圆形，黑色，发亮。

物候期 花期 3~4 月，果期 8~9 月。

习性 喜光、喜温暖，稍耐阴，但光线不足时叶色变绿。适应性强，耐旱、耐寒冷、耐瘠薄、耐修剪；萌芽力和发枝力强。

生境 生长于温暖向阳、湿润的微酸性丘陵及山地。

产地及分布 主要分布于我国长江中下游及以南地区；印度北部也有分布。

应用 用作观赏植物，也可作盆景、桩景。

豆科

70 紫荆 *Cercis chinensis*

别名 满条红

科属 豆科 紫荆属

形态特征 高可达 5 米。小枝灰白色，无毛。叶近圆形或三角状圆形，长 5~10 厘米，两面通常无毛。花紫红或粉红色，2~10 余朵成束，簇生于老枝和主干上，尤以主干上花束较多，越到上部幼嫩枝条则花越少，常先叶开放，幼嫩枝上的花则与叶同时开放。荚果扁，窄长圆形，绿色，长 4~8 厘米，

叶

宽 1~1.2 厘米，翅宽约 1.5 毫米；种子 2~6，宽长圆形，长 5~6 毫米，黑褐色，光亮。

物候期　花期 3~4 月，果期 8~10 月。

习性　喜光，喜湿润肥沃土壤，耐干旱瘠薄，忌水湿，有一定的耐寒能力。

生境　多植于庭园、屋旁、寺街边，少数生长于密林或石灰岩地区。

产地及分布　产我国山东、河南、安徽、江苏、浙江、江西、湖北、湖南、广东、广西、贵州、云南、四川及陕西。

应用　本种为美丽的木本花卉植物。树皮可入药，可治产后血气痛、疔疮肿毒、喉痹；花可治风湿筋骨痛。

71 锦鸡儿 *Caragana sinica*

别名　金雀花、娘娘袜

科属　豆科　锦鸡儿属

形态特征　高 1~2 米。树皮深褐色；小枝有棱，无毛。羽状复叶有小叶 2 对；托叶三角形，长 5~7 毫米，硬化成针刺；叶轴脱落或硬化成针刺而宿存，后者长 0.7~1.5(2.5) 厘米；小叶羽状排列，在短枝上的有时为假掌状排列，倒卵形或长圆状倒卵形，长 1~3.5 厘米，上部 1 对通常较大，革质；花单生，花梗长约 1 厘米，中部具关节；花萼钟状，长 1.2~1.4 厘米，基部偏斜；花冠黄色，常带红色，长 2.8~3 厘米，旗瓣窄倒卵形，翼瓣稍长于旗瓣，瓣柄与瓣片近等长，耳短于瓣柄，龙骨瓣稍短于翼瓣；子房无毛。

物候期　花期3~4月，果期8~10月。

习性　喜光照充足的环境，具有较强的抗旱力和耐贫瘠能力，但不耐湿涝。

生境　野生种常见于海拔800米左右的山坡岩石缝和灌丛中。

产地及分布　模式标本采自我国。产河北、陕西、江苏、江西、浙江、福建、河南等多地。

应用　供观赏或作绿篱。根皮可供药用，能祛风活血、舒筋、除湿利尿、止咳化痰。

72　棣棠 *Kerria japonica*

别名　土黄条、鸡蛋黄花

科属　蔷薇科　棣棠属

形态特征　高1~2米，稀达3米。小枝绿色，圆柱形，无毛，常拱垂，嫩枝有棱角。叶互生，三角状卵形或卵圆形，顶端长渐尖，基部圆形、截形或微心形，边缘有尖锐重锯齿，两面绿色，上面无毛或有稀疏柔毛，下面沿脉或脉腋有柔毛。花瓣黄色，宽椭圆形，顶端下凹，比萼片长1~4倍。瘦果倒卵形至半球形，褐色或黑褐色，表面无毛，有褶皱。

物候期 花期 4~6 月，果期 6~8 月。

习性 喜光，稍耐阴，喜温暖湿润气候，喜略湿之地。

生境 生长于海拔 200~3000 米的山坡灌丛中。

产地及分布 产我国甘肃、陕西、山东、河南、湖北、江苏、安徽、浙江、福建、江西、湖南、四川、贵州、云南；日本也有分布。

应用 栽培供观赏；茎髓作为通草代用品入药，有催乳利尿的功效。

73 重瓣棣棠花

Kerria japonica 'Pleniflora'

别名 黄度梅

科属 蔷薇科 棣棠属

形态特征 高 1~1.5 米。小枝绿色光滑，圆柱形，有条纹，无毛，常拱垂，嫩枝有棱角。叶互生，三角状卵形，先端渐尖，基部近圆形，长 2~5 厘米，边缘有重锯齿，常浅裂，表面鲜绿色，背面苍白而微有细毛。花金黄色，顶生于侧枝上，重瓣，花径 3~4.5 厘米。瘦果褐黑色。

物候期 花期 4~6 月，果期 6~8 月。

习性 喜光，喜温暖湿润气候，稍耐阴，耐寒性较差，对土壤要求不严，以肥沃、疏松的砂壤土生长最好。

生境 生长于海拔 200~3000 米的山坡灌丛中。

产地及分布 产我国甘肃、陕西、山东、河南、湖北、江苏、安徽、浙江、福建、江西、湖南、四川、贵州、云南；日本也有分布。

应用 是园林中春季重要的观赏花木，其花和枝条可供药用。

74 火棘 *Pyracantha fortuneana*

别名 赤阳子、火把果

科属 蔷薇科 火棘属

形态特征 高可达 3 米。侧枝短，先端呈刺状，嫩枝外被锈色短柔毛，老枝暗褐色，无毛；芽小，外被短柔毛。叶倒卵形或倒卵状长圆形，先端圆钝或微凹，有时具短尖头，基部楔形，下延至叶柄，有钝锯齿。复伞房花序，花径约 1 厘米，被丝托钟状，萼片三角状卵形，花瓣白色，近圆形；雄蕊 20，花柱 5，离生。果近球形，径约 5 毫米，橘红色或深红色。

花

物候期 花期 3~5 月，果期 8~11 月。

习性 喜强光，耐贫瘠、耐旱、不耐寒，对土壤要求不严，以排水良好、湿润、疏松的中性或微酸性壤土为好。

生境 生长于海拔 500~2800 米的山地、丘陵地阳坡灌丛草地及河沟路旁。

产地及分布 产我国陕西、河南、江苏、浙江、福建、湖北、湖南、广西、贵州、云南、四川、西藏。

应用 我国西南各地田边常见栽培作绿篱，果实磨粉可作代食品。

花

75 贴梗海棠　*Chaenomeles speciosa*

别名　铁脚梨、贴梗木瓜

科属　蔷薇科　木瓜海棠属

形态特征　高可达 2 米。枝条直立开展，有刺；冬芽三角状卵形。叶片卵形至椭圆形，稀长椭圆形，边缘具尖锐锯齿；托叶大型，草质，肾形或半圆形，稀卵形，边缘有尖锐重锯齿，无毛。花先叶开放，3~5 朵簇生于 2 年生老枝上；花梗短粗，长约 3 毫米或近于无柄；花瓣倒卵形或近圆形，基部延伸成短爪，猩红色，稀淡红色或白色。果实球形或卵球形，直径 4~6 厘米，黄色或带黄绿色，有稀疏不明显斑点，味芳香。

物候期　花期3~5月，果期9~10月。

习性　喜光，耐瘠薄，有一定耐寒能力，喜排水良好的深厚、肥沃土壤，不耐水湿。

生境　自然分布于阔叶林或灌丛中。

产地及分布　产我国陕西、甘肃、四川、贵州、云南、广东；缅甸亦有分布。

应用　栽培供观赏，枝密多刺可作绿篱。果实干制后可入药。

刘冰 摄

76 麦李 *Prunus glandulosa*

别名 李仁

科属 蔷薇科 李属

形态特征 高 1.5~2 米。小枝无毛，嫩枝被柔毛；冬芽无毛或被短柔毛。叶长圆状倒卵形或椭圆状披针形，有细钝重锯齿，上面绿色，下面淡绿色，两面无毛或中脉有疏柔毛；叶柄无毛或上面被疏柔毛，托叶线形。花单生或 2 朵簇生，花叶同放或近同放；花梗几无毛，萼筒钟状，长宽近相等，无毛，萼倒卵形；花柱稍比雄蕊长，无毛或基部有疏柔毛。核果熟时红色或紫红色，近球形。

物候期 花期 3~4 月，果期 5~8 月。

习性 适应性强，喜光，较耐寒，耐旱，也较耐水湿；根系发达。忌低洼积水、土壤黏重，喜生于湿润疏松、排水良好的砂壤土中。

生境 野生于海拔 800~2300 米的山坡、沟边或灌丛中，也有庭园栽培；常见栽培于草坪、路边、假山旁及林缘。

产地及分布 产我国陕西、河南、山东、江苏、安徽、浙江、福建、广东、广西、湖南、湖北、四川、贵州、云南；日本也有栽培。

应用 用作观赏植物，也可作基础栽植、盆栽或催花、切花材料。

外观

77　野蔷薇　*Rosa multiflora*

别名　蔷薇、多花蔷薇

科属　蔷薇科　蔷薇属

形态特征　小枝圆柱形。小叶 5~9，小叶片倒卵形、长圆形或卵形，边缘有尖锐单锯齿；托叶篦齿状，大部贴生于叶柄，边缘有或无腺毛。花多朵，排成圆锥状花序，萼片披针形，有时中部具 2 个线形裂片，外面无毛，内面有柔毛；花瓣白色，宽倒卵形，先端微凹，基部楔形；花柱结合成束，无毛，比雄蕊稍长。果近球形，直径 6~8 毫米，红褐色或紫褐色，有光泽，无毛，萼片脱落。

物候期　花期 5~6 月。

习性　性强健，喜光，耐寒，耐旱，也耐水湿，对土壤要求不严。

生境　在阳光充足的平原、低山、丘陵均可生长。

产地及分布　产我国江苏、山东、河南等地；日本、朝鲜常见。

应用　栽培供观赏。

花

78 月季花 *Rosa chinensis*

别名 月月花、月季

科属 蔷薇科 蔷薇属

形态特征 高 1~2 米。小枝粗壮，圆柱形，近无毛，有短粗的钩状皮刺或无刺。小叶 3~5，宽卵形或卵状长圆形，有锐锯齿，两面近无毛，上面暗绿色，常带光泽，下面颜色较浅，顶生小叶有柄，侧生小叶近无柄，有散生皮刺和腺毛，托叶大部贴生叶柄，顶端分离部分耳状，边缘常有腺毛。花几朵集生，稀单生，重瓣至半重瓣，红色、粉红色至白色，倒卵形，先端有凹缺，基部楔形，花柱离生，伸出萼筒口外。果卵球形或梨形，红色，萼片脱落。

物候期　花期 4~9 月，果期 6~11 月。

习性　适应性强，对气候、土壤要求不严，喜光、喜温暖湿润的气候，也耐寒。

生境　常栽培于庭院、公园、马路中心花园、花圃等地，要求土壤富含有机质、肥沃、疏松且呈微酸性。

产地及分布　原产我国，各地普遍栽培。

应用　用作观赏植物，常用于垂直绿化；花、根、叶均可入药。

花

79　蓬蘽　*Rubus hirsutus*

别名　蓬蘽

科属　蔷薇科　悬钩子属

形态特征　高 1~2 米。枝红褐色或褐色，被柔毛和腺毛，疏生皮刺。小叶 3~5 枚，卵形或宽卵形，长 3~7 厘米，宽 2~3.5 厘米，顶端急尖，顶生小叶顶端常渐尖，基部宽楔形至圆形，两面疏生柔毛，边缘具不整齐尖锐重锯齿。花大，直径 3~4 厘米；花萼外密被柔毛和腺毛；萼片卵状披针形或三角状披针形，顶端长尾尖，外面边缘被灰白色茸毛，花后反折；花瓣倒卵形或近圆形，白色，基部具爪。果实近球形，直径 1~2 厘米，无毛。

物候期　花期 4 月，果期 5~6 月。

习性　喜光，喜疏松肥沃、排水良好的土壤。

生境　生长于海拔 1500 米的山坡路旁阴湿处或灌丛中。

产地及分布　产我国河南、江西、安徽、江苏、浙江、福建、台湾、广东；朝鲜、日本也有分布。

应用　全株及根入药，能消炎解毒、清热镇惊、活血及祛风湿。

80 菱叶绣线菊 *Spiraea × vanhouttei*

别名 范氏绣线菊

科属 蔷薇科 绣线菊属

形态特征 株高 1~2 米。小枝呈拱形弯曲，红褐色，无毛；冬芽卵形，芽小，先端圆钝，无毛，有数枚鳞片。叶柄短，叶片菱形或圆形至扁椭圆形，边缘有缺刻状重锯齿，两面无毛，上面暗绿色，下面浅蓝灰色，具不显著 3 脉或羽状脉。伞形花序具总梗，有多数花朵，基部具数枚叶片，花瓣近圆形，白色，花盘圆环形，子房无毛。蓇葖果稍开张，花柱近直立，萼片直立开张。

叶

物候期　花期 5~6 月，果期 7~8 月。

习性　喜光，稍耐阴，喜酸性土壤，碱性土中生长不良，耐寒、耐旱、耐瘠薄。

生境　生长于土层较薄、土质贫瘠的杂木丛、山坡及山谷中或石砾间，甚至石头缝里亦可生长。

产地及分布　主要分布于我国江苏、广东、广西及四川等地。

应用　其花色艳丽，花朵繁茂，是极好的观花灌木，适于在城镇园林绿化中应用。

81 单瓣李叶绣线菊

Spiraea prunifolia var. *simpliciflora*

别名 单瓣笑靥花

科属 蔷薇科 绣线菊属

形态特征 花单瓣，直径约 6 毫米。萼筒钟状，内外两面均被短柔毛；萼片卵状三角形，先端急尖，外面微被短柔毛，内面毛较密；花瓣宽倒卵形，先端圆钝，长 2~4 毫米，宽几与长相等，白色；雄蕊 20，长约为花瓣的 1/2 或 1/3；花盘圆环形，具 10 个明显裂片；子房具短柔毛，花柱短于雄蕊。蓇葖果仅在腹缝上具短柔毛，开张，花柱顶生于背部，具直立萼片。

物候期 花期 3~4 月，果期 4~7 月。

习性　喜温暖湿润气候，较耐寒，对土质要求不严，一般土壤均可种植。

生境　生长于海拔550~1000米的坡地或岩石上。

果

产地及分布　产我国湖北、湖南、江苏、浙江、江西、福建；朝鲜、日本也有分布。

应用　栽培供观赏，春花如雪，秋叶橙黄色；可丛植于池畔、山坡、崖边、路旁或草坪角隅。

花

82 粉花绣线菊 *Spiraea japonica*

别名 吹火筒、狭叶绣球菊

科属 蔷薇科 绣线菊属

形态特征 高可达 1.5 米。枝条细长，开展，小枝近圆柱形，无毛或幼时被短柔毛。叶片卵形至卵状椭圆形，长 2~8 厘米，宽 1~3 厘米，先端急尖至短渐尖，基部楔形，边缘有缺刻状重锯齿或单锯齿，上面暗绿色，无毛或沿叶脉微具短柔毛，下面色浅或有白霜，通常沿叶脉有短柔毛。花瓣卵形至圆形，先端通常圆钝，粉红色。蓇葖果半开张，无毛或沿腹缝有稀疏柔毛，花柱顶生，稍倾斜开展，萼片常直立。

物候期　花期 6~7 月，果期 8~9 月。

习性　喜光，阳光充足则开花量大，耐半阴；耐寒性强，能耐 –10℃低温；适应性强，耐瘠薄、不耐湿。

生境　生长于海拔 1100~2600 米的山坡、灌木林中或沟谷旁。

产地及分布　原产日本、朝鲜；我国各地有栽培。

应用　栽培供观赏。

花

83 珍珠绣线菊 *Spiraea thunbergii*

别名 珍珠花、喷雪花

科属 蔷薇科 绣线菊属

形态特征 高可达 1.5 米。小枝有棱角，幼时被短柔毛，褐色，老时转红褐色，无毛；冬芽有数枚鳞片。叶片线状披针形，长 25~40 毫米，边缘自中部以上有尖锐锯齿，两面无毛，具羽状脉；叶柄极短或近无柄，有短柔毛。伞形花序无总梗，具花 3~7 朵，基部簇生数枚小型叶片；花梗细，无毛；萼筒钟状，外面无毛，内面微被短柔毛；花瓣倒卵形或近圆形，先端微凹至圆钝，白色。蓇葖果开张，无毛，花柱近顶生，稍斜展，具直立或反折萼片。

物候期　花期 4~5 月，果期 7 月。

习性　喜光，喜湿润而排水良好的土壤，较耐寒。

生境　生长于海拔 200~1300 米的山坡向阳处及杂木林中。

产地及分布　原产我国华东。现山东、陕西、辽宁等地均有栽培；日本亦有分布。

应用　栽培供观赏，通常多丛植于草坪角隅或作基础种植，亦可作切花用。

花

84 石楠 *Photinia serratifolia*

别名 山官木、凿角

科属 蔷薇科 石楠属

形态特征 高 4~6 米，有时可达 12 米。枝褐灰色，无毛；冬芽卵形，鳞片褐色，无毛。叶片革质，长椭圆形、长倒卵形或倒卵状椭圆形，边缘有疏生具腺细锯齿，近基部全缘，上面光亮，幼时中脉有茸毛，成熟后两面皆无毛，中脉显著，侧脉 25~30 对。花瓣白色，内外两面皆无毛。果实球形，红色，后成褐紫色，有 1 粒种子；种子卵形，棕色，平滑。

物候期　花期 4~5 月，果期 10 月。

习性　稍耐阴，喜温暖湿润气候，耐干旱瘠薄，不耐水湿，对有害气体抗性较强。

生境　生长于海拔 1000~2500 米的杂木林中。

产地及分布　产我国陕西、甘肃、河南、江苏、安徽、浙江、江西、湖南、湖北、福建、台湾、广东、广西、四川、云南、贵州。

应用　本种树冠圆形，叶丛浓密，嫩叶红色，花白色、密生，冬季果实红色，鲜艳醒目，是常见的园林栽培树种；木材致密，可制车轮及器具柄；叶和根供药用。

叶

85 红叶石楠 *Photinia × fraseri*

科属 蔷薇科 石楠属

形态特征 高 4~6 米。幼枝呈棕色，贴生短毛，后呈紫褐色，最后呈灰色无毛；树干及枝条上有刺。叶互生，长椭圆形或倒卵状椭圆形，长 9~22 厘米，宽 3~6.5 厘米，边缘疏生腺齿，无毛。花多而密，呈顶生复伞房花序，花序梗、花柄均贴生短柔毛，花白色，径 6~8 毫米。梨果球形，径 5~6 毫米，红色或褐紫色。

物候期 花期 5~7 月，果期 9~10 月。

习性　耐阴，耐干旱，耐盐碱，耐修剪。

生境　常生长在温暖潮湿的环境。

产地及分布　主要分布在亚洲东南部与东部和北美洲的亚热带与温带地区，在我国许多省份也已广泛栽培。

应用　红叶石楠作行道树，其干立如火把；作绿篱，其状卧如火龙；修剪造型，形状可千姿百态，景观效果佳。

86 金边胡颓子

Elaeagnus pungens 'Aurea'

别名 金边牛奶子

科属 胡颓子科 胡颓子属

形态特征 高 1~2 米。树冠圆形开展，枝叶稠密。单叶互生，革质有光泽，椭圆形至长椭圆形，叶背面银白色并有锈褐色斑点，正面深绿色，叶边

枝叶

缘镶嵌金黄色条状斑，叶色秀美。花着生在叶腋间，乳白色，花香浓郁。果肉成熟后呈红色，形美色艳。

物候期　花期 9~11 月，翌年 5 月果实成熟。

习性　喜湿润和光照充足，也耐阴，土壤以肥沃、排水良好的壤土为好，耐寒、耐旱。

生境　生长于海拔 1000 米以下的向阳山坡或路旁。

产地及分布　分布于我国和日本。我国长江以南各地均适宜栽植。

应用　枝条交错，叶片背面银色，叶片正面深绿色，叶边缘镶嵌黄斑，极具观赏性。可制作盆景，也可配置庭院。

桑科

87 无花果 *Ficus carica*

别名 红心果

科属 桑科 榕属

形态特征 高可达 10 米，多分枝。树皮灰褐色，皮孔明显；小枝直立，粗壮。叶互生，厚纸质，广卵圆形，长宽近相等，10~20 厘米，通常 3~5 裂，小裂片卵形，边缘具不规则钝齿，表面粗糙，基部浅心形，基生侧脉 3~5 条；托叶卵状披针形，红色。雌雄异株。榕果单生叶腋，大而梨形，顶部下陷，成熟时紫红色或黄色。

物候期　花果期 5~7 月。

习性　喜光，喜温暖湿润的气候，耐贫瘠和干燥，不耐寒。在酸性、中性、石灰质土壤中均能生长。

生境　栽培于庭院及绿地。

产地及分布　原产地中海沿岸。我国唐代即从波斯传入，现南北均有栽培，新疆南部尤多。

应用　常植于庭院及公共绿地；华北多盆栽欣赏。根叶可入药；果可食用。

卫矛科

88 冬青卫矛 *Euonymus japonicus*

别名　扶芳树、正木、大叶黄杨

科属　卫矛科　卫矛属

形态特征　高可达3米。小枝四棱形，光滑、无毛。叶革质或薄革质，卵形、椭圆状或长圆状披针形以至披针形，边缘有浅细钝齿，叶面光亮，中脉在两面均凸出，侧脉与中脉成40°~50°角，通常两面均明显。花序腋生；苞片阔卵形，边缘狭，干膜质；雄花外萼片阔卵形，内萼片圆形；雌花萼片卵状椭圆形。蒴果近球形，宿存花柱斜向挺出。

物候期 花期6~7月，果期9~10月。

习性 喜光，亦较耐阴，喜温暖湿润气候，亦较耐寒，要求肥沃疏松的土壤，极耐修剪整形。

生境 野生者多在靠近居民区的地方被发现。

产地及分布 本种最先于日本发现并引入栽培；现我国南北各地均有栽培。

应用 一般作绿篱种植，亦是家庭培养盆景的优良材料；对多种有害气体抗性很强，抗烟吸尘功能也强，能净化空气，是污染区理想的绿化树种。

藤黄科

89 金丝桃 *Hypericum monogynum*

别名 土连翘

科属 藤黄科 金丝桃属

形态特征 高可达 1.3 米，丛状或通常有疏生的开张枝条。叶片倒披针形或椭圆形至长圆形，或较稀为披针形至卵状三角形或卵形，通常具细小尖突，基部楔形至圆形或上部者有时截形至心形，主侧脉 4~6 对，第三级脉网

密集，明显，近无柄。花序近伞房状，具 1~15 花，花瓣金黄色至柠檬黄色，无红晕，开张。蒴果宽卵珠形或稀为卵珠状圆锥形至近球形。

物候期　花期 5~8 月，果期 8~9 月。

习性　喜光，耐半阴，耐寒性不强。

生境　生长于山坡、路旁或灌丛中，沿海地区海拔 0~150 米，但在山地上升至 1500 米。

产地及分布　产我国河北、陕西、山东、江苏、安徽、浙江、江西、福建、台湾、河南、湖北、湖南、广东、广西、四川及贵州等地；日本也有引种。

应用　花美丽，供观赏；果实及根供药用，果作连翘代用品，根能祛风、止咳、下乳、调经补血，并可治跌打损伤。

杨柳科

90 彩叶杞柳
Salix integra 'Hakuro-Nishiki'

别名 彩叶柳、花叶杞柳

科属 杨柳科 柳属

形态特征 高 1~3 米。树冠广展，无明显主干；树皮灰绿色，嫩枝粉红色，枝条放射状，紧密；芽卵形，黄褐色，无毛。叶近对生或对生，萌枝叶有时 3 叶轮生，椭圆状长圆形，先端短渐尖，基部圆形或微凹，全缘或上部有尖齿，新叶具乳白和粉红色斑，无毛；叶柄短或近无柄而抱茎。花先叶开

放，花序基部有小叶，苞片倒卵形，褐色至近黑色，被柔毛；腺体 1，腹生；雄蕊 2，花丝合生，无毛；子房有柔毛，几无柄。蒴果长 2~3 毫米，有毛。

物候期　花期 5 月，果期 6 月。

习性　喜光，稍耐阴，耐寒，耐湿，对土壤要求不严，但以肥沃、疏松、潮湿的土壤为宜，生长势强，冬末需强修剪。

生境　生长于山地河边、湿草地，多栽培于园路边、滨水岸边、墙垣或庭院等地。

产地及分布　从荷兰引进，在我国华北、华东和华中广大区域均有栽培。

应用　本种叶色清秀，有极高的观赏价值，可作绿篱或造型，幼树可作盆栽观赏。

大戟科

91 山麻秆 *Alchornea davidii*

别名　红荷叶、桐花杆

科属　大戟科　山麻秆属

形态特征　高 1~4 米。茎直而少分枝，常紫红色，嫩枝被灰白色短茸毛。叶薄纸质，阔卵形或近圆形，长 8~15 厘米，宽 7~14 厘米，顶端渐尖，基部心形，边缘具粗锯齿或具细齿；基出脉 3 条。雌雄异株，雄花序穗状，呈柔荑花序状。蒴果近球形，具 3 圆棱，直径 1~1.2 厘米，密生柔毛；种子卵状三角形。

物候期 花期 3~5 月，果期 6~7 月。

习性 喜光，稍耐阴；喜温暖湿润气候，不耐寒，对土壤要求不严，在微酸及中性土壤中均能生长。

生境 生长于海拔 300~1000 米的沟谷或溪畔、河边、坡地灌丛中，或栽种于坡地。

产地及分布 产我国陕西南部、四川东部和中部、云南东北部、贵州、广西北部、河南、湖北、湖南、江西、江苏、福建西部。

应用 茎皮纤维为制纸原料；叶可作饲料；生长迅速，可观叶、观花、赏果，是鲜艳美丽的园林、庭院树种。

桃金娘科

92 轮叶蒲桃 *Syzygium grijsii*

别名 小叶赤楠

科属 桃金娘科 蒲桃属

形态特征 高不及 1.5 米。嫩枝纤细，有 4 棱，干后黑褐色。叶片革质，细小，常 3 叶轮生，狭窄长圆形或狭披针形，上面干后暗褐色，无光泽，下面色稍浅，多腺点，侧脉密，以 50° 开角斜行，边脉极接近边缘。聚伞花序顶生，长 1~1.5 厘米，少花；花白色；花瓣 4，分离，近圆形。果实球形。

物候期 花期 5~6 月，果期 11~12 月。

花

习性　喜光也耐阴湿，喜温暖湿润气候，在酸性、中性或微碱性土壤中均能生长。

生境　生长于亚热带地区海拔 100~900 米的灌丛、林地、溪边、山谷等处。

产地及分布　分布于我国南方的大部分地区，产浙江、江西、福建、广东、广西等地。

应用　栽培供观赏，既可观叶也可观果，可作为园景树或绿篱，也可做成盆栽、树桩盆景，还能作为插花材料；根叶有药用价值；果实可酿酒。

93 野鸦椿 *Euscaphis japonica*

别名　红椋、山海椒

科属　省沽油科　野鸦椿属

形态特征　小枝及芽红紫色，枝叶揉碎后发出恶臭气味。叶对生，奇数羽状复叶，小叶 5~9，稀 3~11，厚纸质，长卵形或椭圆形，边缘具疏短锯齿。

果

圆锥花序顶生，花梗长达21厘米，花多，较密集，黄白色，萼片与花瓣均5，椭圆形，萼片宿存。蓇葖果紫红色，有纵脉纹；种子近圆形，假种皮肉质，黑色，有光泽。

物候期　花期5~6月，果期8~9月。

习性　幼苗耐阴，耐湿润，大树则偏喜光，耐瘠薄干燥，耐寒性较强。在土层深厚、疏松、湿润、排水良好而且富含有机质的微酸性土壤中生长良好。

生境　多生长于山脚和山谷，常与一些小灌木混生，散生，很少有成片的纯林。

产地及分布　我国除西北地区外，全国均产，主产江南，西至云南东北部；日本、朝鲜也有。

应用　木材可为器具用材，种子油可制皂，树皮提取栲胶，根及干果入药，用于祛风除湿。也栽培作观赏植物，可群植、丛植于草坪，也可用于庭园、公园等地布景。

无患子科

94 羽毛槭 *Acer palmatum var. dissectum*

别名 羽毛枫、细叶鸡爪槭

科属 无患子科 槭属

形态特征 高 1~3 米，树冠开展。枝略下垂，新枝紫红色，成熟枝暗红色。嫩叶艳红，密生白色软毛，叶片舒展后渐脱落，叶色亦由艳丽转淡紫色甚至泛暗绿色；叶片常具 7 全裂，掌状深裂达基部，裂片狭似羽毛，有皱

纹，入秋逐渐转红。花紫色，杂性，雄花与两性花同株，伞房花序；萼片5，卵状披针形；花瓣5，椭圆形或倒卵形。翅果嫩时紫红色，成熟时淡棕黄色；小坚果球形，脉纹显著。

物候期　花期5月，果期9月。

习性　喜光但忌烈日，喜温暖，较耐寒。

生境　生长于海拔200~1200米的林边或疏林中。

产地及分布　分布于东亚各国；我国分布于河南至长江流域。

应用　庭院观赏、盆栽。凡各式庭院绿地、草坪、林缘、亭台假山、门厅入口、宅旁路隅以及池畔均可栽植，应用广泛。

95 金柑 *Citrus japonica*

别名　山金橘、金橘

科属　芸香科　柑橘属

形态特征　高达 2 米以上。多枝，刺短。叶质厚，浓绿，卵状披针形或椭圆形，顶端略尖或钝，基部短尖，全缘；叶柄翼叶甚窄。单花腋生；花萼 4~5 裂，裂片三角形；花瓣 5 片，白色；花丝合生呈筒状。果圆形或椭圆形，长 2~3.5 厘米，橙黄色至橙红色。

叶

物候期　花期 3~5 月，果期 10~12 月。

习性　喜温暖湿润气候、光照充分的环境和肥沃的微酸性土壤，耐旱，稍耐阴。

生境　生长于海拔 600~1000 米的疏林中。

产地及分布　原产我国，在台湾、福建、广东、广西均有分布；日本、美国也有较多栽培。

应用　叶终年碧绿，果实鲜艳，春夏之际白花满树，香气四溢，是庭园绿化的珍贵名花，可吸收二氧化硫等有害气体，可用作工厂绿化；果可食用。

锦葵科

96 木槿 *Hibiscus syriacus*

别名 朝开暮落花、白花木槿

科属 锦葵科 木槿属

形态特征 高 3~4 米，小枝密被黄色星状茸毛。叶菱形至三角状卵形，具深浅不同的 3 裂或不裂，基部楔形，边缘具不整齐齿缺。花单生于枝端叶腋间，花梗被星状短茸毛；花钟形，淡紫色，直径 5~6 厘米，花瓣倒卵形，长 3.5~4.5 厘米，外面疏被纤毛和星状长柔毛。蒴果卵圆形，直径约 12 毫米，密被黄色星状茸毛；种子肾形，背部被黄白色长柔毛。

物候期　花期 7~11 月。

习性　喜光，喜温暖湿润气候，耐干旱瘠薄但不耐积水，较耐寒。

生境　多栽种于庭院、水塘的向阳处。

产地及分布　原产我国中部；台湾、福建、广东、广西、云南、贵州、四川、湖南、湖北、安徽、江西、浙江、江苏、山东、河北、河南、陕西等地均有栽培。

应用　主供园林观赏用，或作绿篱材料；茎皮富含纤维，可作造纸原料；入药可治疗皮肤癣疮。

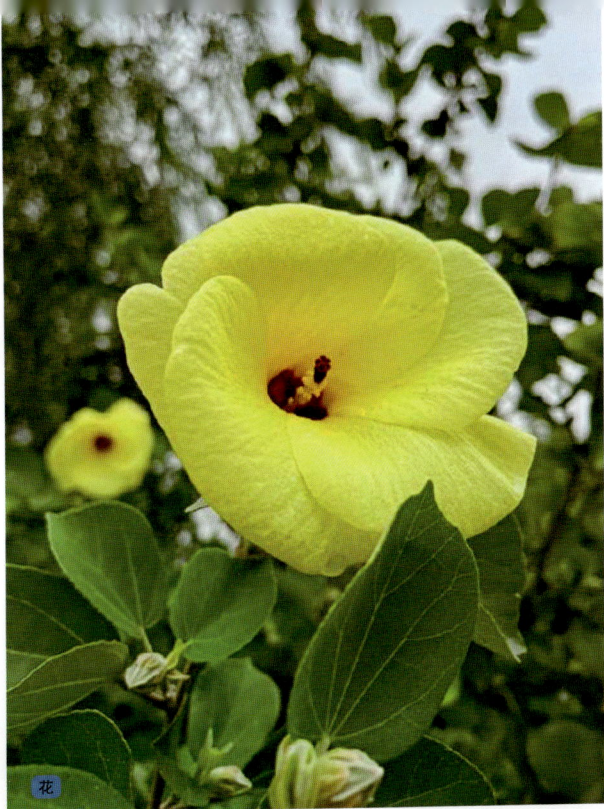

花

97 海滨木槿 *Hibiscus hamabo*

别名 海槿、海塘苗木

科属 锦葵科 木槿属

形态特征 高 1~3 米，径达 20 厘米。分枝多，树皮灰白色。叶阔倒卵形或椭圆形，长 3~6 厘米，宽 2.5~7 厘米，两面密被灰白色星状毛，基出5~7 脉。花单生于枝端叶腋，直径 5~6 厘米，金黄色，后变橘红色，内面基部深红色，花瓣倒卵形。蒴果倒卵形，长 2.5~3.5 厘米，密生褐色硬毛。

物候期 花期 7~10 月，果熟期 10~11 月。

习性 喜光，耐短期水涝，耐高温，也耐低温；对土壤的适应能力强，酸性、碱性土都能生长良好，能耐极度干旱瘠薄。

生境 生长于海滨沙地、滩涂。

产地及分布 原产朝鲜、日本和我国；在我国分布于浙江舟山群岛和福建沿海岛屿，浙江、江苏、上海、北京和天津等地均有引种栽培。

应用 入秋后叶片变红，季相变化明显，是优良的观花观叶园林植物，可用于公园、广场绿地、庭园、住宅小区等绿化，也是花篱、花境的优秀植物材料；也可用于海岸防风林和固堤、海滨绿化。

果

98 木芙蓉 *Hibiscus mutabilis*

别名　芙蓉花、重瓣木芙蓉

科属　锦葵科　木槿属

形态特征　高 2~5 米。小枝、叶柄、花梗和花萼均密被星状毛与直毛相混的细绵毛。叶卵状心形，直径 10~15 厘米，常 5~7 裂，裂片三角形，先端渐尖，具钝圆锯齿，上面疏被星状细毛和点，下面密被星状细茸毛。花单生于枝端叶腋间，花梗长 5~8 厘米，近端具节；花初开时白色或淡红色，后变深红色，直径约 8 厘米，花瓣近圆形，直径 4~5 厘米，外面被毛，基部具髯毛。

物候期　花期 8~10 月。

习性　喜光、喜温暖，不耐寒，要求水分适中而排水良好的土壤。

生境　宜于庭院、坡地、路边、林缘及水畔栽种。

产地及分布　原产我国湖南；我国辽宁、河北、山东、陕西、安徽、江苏、浙江、江西、福建、台湾、广东、广西、湖南、湖北、四川、贵州和云南等地栽培；日本和东南亚各国也有栽培。

应用　栽培供观赏。花叶供药用，有清肺、凉血、散热和解毒的功效。

瑞香科

99 结香 *Edgeworthia chrysantha*

别名　岩泽兰、三桠皮

科属　瑞香科　结香属

形态特征　高 0.7~1.5 米。小枝粗壮，褐色，常作三叉分枝，幼枝常被短柔毛，韧皮极坚韧，叶痕大，直径约 5 毫米。叶在花前凋落，长圆形。披针形至倒披针形，长 8~20 厘米，两面均被银灰色绢状毛，侧脉纤细，弧形，被柔毛。头状花序顶生或侧生，具花 30~50 朵，呈绒球状；花序梗长 1~2 厘米，被灰白色长硬毛；花芳香，无梗，花萼长 1.3~2 厘米，外面密被白色丝状毛，内面无毛，黄色，顶端 4 裂。果椭圆形，绿色，长约 8 毫米，顶端被毛。

物候期　花期冬末春初，果期春夏间。

习性　喜半阴及湿润环境，喜肥沃而排水良好的砂质壤土；较耐水湿，不耐寒。

生境　喜生长于阴湿肥沃地。

产地及分布　产我国河南、陕西及长江流域以南各地；日本及美国东南部佐治亚州也有分布。

应用　茎皮纤维可作高级纸及人造棉原料，全株入药。亦可栽培供观赏。

100 绣球 *Hydrangea spp.*

别名 绣球、紫阳花

科属 绣球科 绣球属

形态特征 高 1~4 米；小枝粗，无毛。叶纸质或近革质，倒卵形或阔椭圆形，长 6~15 厘米，宽 4~11.5 厘米，基部钝圆或阔楔形，边缘与基部以

上具粗齿，两面无毛或仅下面中脉两侧被稀疏卷曲短柔毛，脉腋间常具少许髯毛。伞房状聚伞花序近球形或头状，直径 8~20 厘米，具短的总花梗，分枝粗壮，近等长，密被紧贴短柔毛，花密集，多数不育；花瓣长圆形，长 3~3.5 毫米。幼果长陀螺状，连花柱长约 4.5 毫米，顶端突出部分长约 1 毫米。

物候期　花期 6~8 月。

习性　喜阴，喜温暖湿润气候，不耐寒，喜肥沃、湿润而排水良好的酸性土。

生境　生长于海拔 380~1700 米的山谷溪边或山顶疏林中。长江以南各地庭院中常见栽培。

产地及分布　产我国山东、江苏、安徽、浙江、福建、河南、湖北、湖南、广东及其沿海岛屿、广西、四川、贵州、云南等地。野生或栽培；日本、朝鲜有分布。

应用　观赏植物，也可入药。

101 圆锥绣球 *Hydrangea paniculata*

别名　水亚木、栎叶绣球

科属　绣球科　绣球属

形态特征　高 1~5 米，有时可达 9 米。枝初时被疏柔毛，后变无毛。叶纸质，2~3 枚对生或轮生，卵形或椭圆形，长 5~14 厘米，先端渐尖或急尖，基部圆形或阔楔形，边缘有密集稍内弯的小锯齿。圆锥状聚伞花序尖塔形，长达 26 厘米，密被短柔毛；不育花白色，萼片 4；孕性花萼筒陀螺状，长约 1.1 毫米，萼齿短三角形；花瓣白色，卵形或卵状披针形，长 2.5~3 毫米，渐尖。蒴果椭圆形；种子褐色，扁平，具纵脉纹，轮廓纺锤形，两端具翅。

物候期　花期 7~8 月，果期 10~11 月。

习性　喜温暖、湿润及半阴的环境，不耐寒，忌干旱及水涝。

生境　生长于海拔 360~2100 米的山谷、山坡疏林下或山脊灌丛中。

产地及分布　产我国西北（甘肃）、华东、华中、华南、西南等地；日本也有分布。

应用　栽培供观赏。

五列木科

102　厚皮香

Ternstroemia gymnanthera

别名　猪血木、白花果

科属　五列木科　厚皮香属

形态特征　高可达 10 米，全株无毛。叶革质或薄革质，常簇生枝顶，椭圆状倒卵形或长圆状倒卵形，先端短渐尖或骤短尖，全缘，稀上部疏生浅齿，齿尖具黑色小点，下面干后淡红褐色，上面中脉稍凹下。花两性或单性，小苞片 2，三角形或三角状卵形，萼片 5，卵圆形或长圆状卵形，先端圆，花瓣 5，淡黄白色，倒卵形。果球形，小苞片和萼片均宿存；肉质假种皮红色。

物候期　花期 5~7 月，果期 8~10 月。

习性　喜温暖湿润气候，耐阴，耐 -10℃低温，在酸性、中性及微碱性土壤中均能生长，对有害气体有一定抗性。

生境　多生长于海拔 200~1400 米（云南达 2000~2800 米）的山地林中、林缘路边或近山顶疏林中。

产地及分布　广泛分布于我国安徽南部、湖南南部和西北部、广东、广西北部等地；越南、老挝、泰国、柬埔寨、尼泊尔、不丹及印度也有分布。

应用　常用作观赏植物；木材坚硬致密，可供制家具，种子油可制润滑油、油漆等。

花　　林秦文 摄

报春花科

103 紫金牛 *Ardisia japonica*

别名 矮地茶、矮爪

科属 报春花科 紫金牛属

形态特征 近蔓生。茎幼时被细微柔毛，后无毛。叶对生或轮生，椭圆形或椭圆状倒卵形，先端尖，基部楔形，具细齿，稍具腺点，两面无毛或下面仅中脉被微柔毛，侧脉 5~8 对；叶柄被微柔毛。花梗长 0.7~1 厘米，常下弯，均被微柔毛。花瓣长 4~5 毫米，有时 6 数，萼片卵形，两面无毛，具缘

毛，有时具腺点；花瓣粉红色或白色，无毛，具密腺点。果径 5~6 毫米，鲜红色至黑色，稍具腺点。

物候期　花期 5~6 月，果期 11~12 月。

习性　耐阴，不耐寒。

生境　生长于海拔约 1200 米的山间林下或竹林下阴湿的地方。

产地及分布　产我国江苏南部、安徽、浙江、福建、台湾、江西、河南、陕西南部、湖北、湖南、广东、广西、贵州、四川及云南东北部；朝鲜、日本均有分布。

应用　栽培作观赏植物。

山茶科

104 浙江红山茶

Camellia chekiangoleosa

别名　美人茶、离蕊红山茶、闪光红山茶

科属　山茶科　山茶属

形态特征　嫩枝无毛。叶革质，椭圆形，长 8~12 厘米，宽 2.5~5.5 厘米，先端短尖，基部楔形，上面深绿色，发亮，下面浅绿色，无毛；侧脉约 8 对，在上面明显，在下面不明显；边缘 3/4 有锯齿；叶柄长 1~1.5 厘米，无毛。花红色，顶生或腋生，无柄；苞片及萼片外侧有银白色绢毛；花瓣 7 片，外侧靠先端有白绢毛，雄蕊排成 3 轮，外轮花丝基部连生并和花瓣合生，

内轮花丝长 3~3.5 厘米，花药黄色。蒴果卵球形，下面有宿存萼片及苞片，木质。

物候期　花期早，耐寒，在杭州 11 月即可开花，可延至翌年 3 月，但不能结实。

习性　喜光或半阴；耐寒；喜肥沃湿润而排水良好的酸性土壤。

生境　生长于潮湿温暖的地区。

产地及分布　原产我国，在杭州有栽培。在日本栽培普遍。

应用　作为常绿越冬观花植物在园林景观中运用十分广泛，是公园、花圃、庭院、绿地造园配植的首选景观植物。

105 山茶 *Camellia japonica*

别名 茶花、野山茶

科属 山茶科 山茶属

形态特征 高可达 13 米，嫩枝无毛。叶革质，椭圆形，长 5~10 厘米，宽 2.5~5 厘米，干后发亮，无毛，边缘有相隔 2~3.5 厘米的细锯齿。花顶生及腋生，红色，无柄；苞片及萼片约 10 片，组成长 2.5~3 厘米的杯状苞被，半圆形至圆形，外面有绢毛，脱落；花瓣 6~7 片，外侧 2 片近圆形，几离生，长 2 厘米，外面有毛，内侧 5 片基部连生，倒卵圆形，长 3~4.5 厘米，无毛。蒴果圆球形，直径 2.5~3 厘米。

花

物候期　花期 12 月至翌年 3 月。

习性　喜半阴，喜温暖湿润气候；有一定的耐寒能力；喜肥沃湿润而排水良好的酸性土壤；对海潮风有一定抗性。

生境　生长于海拔 900~1200 米的山地。

产地及分布　我国四川、台湾、山东、江西等地有野生种，国内各地广泛栽培。

应用　供观赏。花有止血功效，种子可榨油，供工业用。

106 茶 *Camellia sinensis*

别名 茶树、茗

科属 山茶科 山茶属

形态特征 嫩枝无毛或有稀疏微毛。叶革质，狭窄倒披针形，基部楔形，上面发亮，下面无毛或初时有柔毛，边缘有锯齿；叶柄长 3~8 毫米，无毛。花 1~3 朵腋生，白色，花柄长 4~6 毫米，有时稍长；花瓣 5~6 片，阔卵形，长 1~1.6 厘米，基部略连合，背面无毛，有时有短柔毛。蒴果 3 或 1~2，球形，高 1.5 厘米；有种子 1~2 粒。

叶

物候期　花期 10 月至翌年 2 月，果期翌年 10 月。

习性　耐阴，喜温暖湿润气候及土层深厚而排水良好的酸性至中性土壤。

生境　生长于海拔 1000~2000 米的山地疏林。

产地及分布　野生种遍见于我国长江以南的山区，现广泛栽培。

应用　叶片可食用。

107 皋月杜鹃

Rhododendron indicum

别名　西鹃

科属　杜鹃花科　杜鹃花属

形态特征　高 1~2 米。分枝多，小枝坚硬，初时密被红褐色糙伏毛，后近于无毛。叶集生枝端，近革质，狭披针形或倒披针形，先端钝尖，基部狭

叶

楔形，叶缘具细圆齿，表面深绿色有光泽，背面凸出，侧脉在下面微明显，两面散生红褐色糙伏毛。花芽卵球形，鳞片阔卵形，先端急尖，仅外面及先端具毛；花1~3朵生枝顶，花梗被白色糙伏毛，花冠鲜红色，具深红色斑点，雄蕊5，短于花冠，长1.6~2.2厘米。蒴果长圆状卵球形，密被红褐色平贴糙伏毛。

物候期　花期5~6月。

习性　喜凉爽湿润的气候，要求富含腐殖质、疏松、湿润及pH5.5~6.5的酸性土壤，耐干旱瘠薄，不耐暴晒。

生境　生长于高海拔地区。

产地及分布　原产日本，我国广为栽培。

应用　用作观赏植物，宜在林缘、溪边、池畔及岩石旁成丛成片栽植，也可于疏林下散植，是花篱的良好材料，也是优良的盆景材料。

花

108 锦绣杜鹃

Rhododendron × pulchrum

别名 毛杜鹃、毛鹃

科属 杜鹃花科 杜鹃花属

形态特征 高 1.5~2.5 米。枝开展，淡灰褐色，被淡棕色糙伏毛。叶薄革质，椭圆形或椭圆状披针形，先端钝尖，基部楔形，边缘反卷，全缘，上面深绿色；叶柄长 3~6 毫米，密被棕褐色糙伏毛。花芽卵球形，鳞片外面沿中部具淡黄褐色毛，内有黏质；伞形花序顶生，有花 1~5 朵；花梗长 0.8~1.5

厘米，密被淡黄褐色长柔毛。蒴果长圆状卵球形，被糙伏毛，有宿萼。

物候期　花期 4~5 月，果期 9~10 月。

习性　喜温暖、半阴、凉爽、湿润、通风的环境；忌烈日、高温；喜疏松、肥沃、富含腐殖质的偏酸性土壤；忌碱性和重黏土；排水通畅，忌积水。

生境　生长于疏松、肥沃、富含腐殖质的偏酸性土壤。

产地及分布　分布于我国江苏、浙江、江西、福建、湖北、湖南、广东和广西。

应用　成片栽植或在岩石旁、池畔、草坪边缘丛植；木材致密坚硬，可作农具、手杖及雕刻之用。

109 白花杜鹃

Rhododendron mucronatum

别名 白杜鹃、尖叶杜鹃

科属 杜鹃花科 杜鹃花属

形态特征 高 1~2 米。分枝密，枝叶密生灰柔毛及黏质腺毛，幼枝密被开展长柔毛。叶二型：春叶较大而早落，先端尖或钝尖，基部楔形；夏叶小而宿存，两面密被糙伏毛和腺毛；叶柄长 2~4 毫米，密被扁平长糙伏毛和短腺毛。花序顶生，常有 1~3 花；花梗密被长柔毛和腺毛；花萼绿色，5 裂，花冠漏斗状，白色或粉红色，有红色条纹，无紫斑，无毛，5 裂；雄蕊 10，长于花冠，花丝中下部被毛；子房密被刚毛，花柱无毛。蒴果卵圆形，短于宿萼。

物候期 花期 4~5 月，果期 6~7 月。

习性 喜凉爽湿润的气候，不耐酷热干燥，耐干旱瘠薄。

生境 野生于高海拔地区。

产地及分布 产我国江苏、浙江、江西、福建、广东、广西、四川和云南；被广泛引种栽培于日本、越南、印度尼西亚、英国、美国等地。

应用 栽培供观赏。

伞形花序直径 3~4 厘米；花梗长 1~1.5 厘米；花萼边缘具小齿；花瓣卵形，3~4 毫米。果球状，直径约 5 毫米。

物候期　花期 10~11 月，果期翌年 2~5 月。

习性　稍耐阴，耐寒性不强，要求土壤排水良好。

生境　常见于庭院、墙隅、建筑物背阴处或溪流边、草坪边缘及林地下。

产地及分布　广泛栽培在我国安徽、福建、江苏、江西、浙江。

应用　用作园林栽培和室内观赏植物。

143 熊掌木 × *Fatshedera lizei*

别名 五角金盘

科属 五加科 五角金盘属

形态特征 常绿蔓性灌木，是八角金盘与常春藤的属间杂交种。初生时茎呈草质，后渐转木质化。单叶互生，掌状 5 裂，叶基心形，叶宽，全缘；新叶密被褐色茸毛，老叶浓绿而光滑；柄较长。花黄绿色，径约 9 毫米，由多数伞形花序组成顶生圆锥花序。不结果。

物候期　四季常绿，成年植株在秋天开淡绿色小花。

习性　耐阴，喜冷凉湿润环境，可耐3℃低温，不择土壤，抗污染。

生境　有极强的耐阴能力，适宜在林下种植。

产地及分布　在我国长江流域有引种栽培。

应用　可片植作林下地被，也可作绿篱或盆栽观赏。

草本（藤本）篇

　　草本植物和藤本植物以其灵动的姿态和细腻的质感，为杭州的园林带来了别样的风情。从西湖边的荷花到九溪的爬山虎，这些植物不仅为园林增添了生机，还为城市带来了自然的野趣。

　　本篇主要介绍杭州市常见的鸢尾、芦苇、沿阶草等草本植物及紫藤、地锦、木通等藤本植物共 24 科 33 属 37 种，包括它们的生长习性、观赏价值以及在园林中的应用。通过本章，读者能够了解草本地被及藤本植物是如何丰富杭州园林的多层次生态空间，起到点睛之美的。

睡莲科

144 睡莲 *Nymphaea* spp.

别名 子午莲、粉色睡莲

科属 睡莲科 睡莲属

形态特征 多年生水生草本；根状茎短粗。叶漂浮，心脏状卵形或卵状椭圆形，基部具深弯缺，上面光亮，下面带红色或紫色，无毛；叶柄细长。花单生在花梗顶端，漂浮于水面；萼片 4；花瓣 8~15，白色。浆果球形，为宿存萼片包裹；种子多数，椭圆形，有肉质囊状假种皮。

物候期 花期 6~8 月，果期 8~10 月。

习性 喜阳光充足、温暖潮湿、通风良好的环境；稍耐阴，对土质要求不严，pH6~8 均可正常生长，但喜富含有机质的壤土。

生境 生长于池沼、湖泊中。

产地及分布 在我国广泛分布；俄罗斯、朝鲜、日本、印度、越南、美国也有分布。

应用 花色绚丽多彩，花姿楚楚动人，可池塘片植和居室盆栽；摆放于建筑物、雕塑、假山石前。根状茎含淀粉，供食用或酿酒。全草可作绿肥。

天南星科

145 金钱蒲 *Acorus gramineus*

别名 石菖蒲、山艾

科属 天南星科 菖蒲属

形态特征 多年生草本。植株丛生状。根肉质，具芳香，外皮淡黄色；根茎上部多分枝，呈丛生状。叶基对折；叶片质较厚，线形，绿色，无中肋，平行脉多数。叶状佛焰苞；肉穗花序黄绿色，圆柱形。果黄绿色。

物候期　花期 5~6 月，果期 7~8 月。

习性　既喜光又耐阴，明亮至半阴处都可以栽种，不宜强烈阳光直射，喜温暖湿润气候，对环境适应性强。

生境　生长于海拔 1800 米以下的水旁湿地或岩石上。

产地及分布　产我国浙江、江西、湖北、湖南、广东、广西、陕西、甘肃、四川、贵州、云南、西藏。各地常见栽培。

应用　叶片色彩明亮，可栽于池边、岩石旁或作林下阴湿地被；也可在全光照下作为色彩地被；作花境、花坛的镶边材料亦十分漂亮；还可室内盆栽。可入药。

叶

铁角蕨科

146 巢蕨 *Asplenium nidus*

别名 鸟巢蕨、尖头巢蕨

科属 铁角蕨科 铁角蕨属

形态特征 附生草本，植株高 80~100 厘米。根状茎直立，木质，深棕色。叶簇生，围绕根顶部圆形排列，中间形成一个凹陷状似鸟巢；禾秆色或暗棕色；叶片阔披针形，革质，干后棕绿色或浅棕色，两面均无毛。孢子囊群线形；囊群盖线形，浅棕色或灰棕色，厚膜质，全缘，宿存。

习性　喜高温湿润的半阴环境，不耐强光；不耐寒，不耐旱；栽培宜选用深厚肥沃、排水顺畅的酸性介质。

生境　常呈大丛附生于雨林中树干上或岩石上。

产地及分布　分布于我国台湾、广东、广西、海南、云南（金平）等地；非洲热带东部、日本、韩国、东南亚大部分热带地区、澳大利亚等地也有分布。

应用　栽培作观赏植物，是营造雨林景观和热带植物园的首选植物；可作观叶植物，常用以制作吊盆或吊篮；全草有药用价值；嫩叶可食用。

叶

肾蕨科

147 肾蕨 *Nephrolepis cordifolia*

别名 石黄皮

科属 肾蕨科 肾蕨属

形态特征 多年生草本植物，附生或土生。根状茎直立；下部有粗铁丝状的匍匐茎向四方横展，棕褐色，上生有近圆形的块茎。叶簇生，叶片线状披针形或狭披针形，一回羽状，羽片多数，互生，常密集呈覆瓦状排列；叶坚草质或草质，干后棕绿色或褐棕色，光滑。孢子囊群呈1行位于主脉两侧，肾形，位于从叶边至主脉的1/3处；囊群盖肾形，褐棕色，无毛。

习性　喜温暖湿润环境，喜半阴。

生境　生长于海拔 500 米以下的低山丘陵的向阳处或林下。

产地及分布　产我国浙江、福建、台湾、湖南南部、广东、海南、广西、贵州、云南和西藏；广布于全世界热带及亚热带地区。

应用　本种为世界各地普遍栽培的观赏蕨类。优良的盆栽蕨类及采收鲜切叶的良种。块茎富含淀粉，可食，亦可供药用。

花

百合科

148 吉祥草 *Reineckea carnea*

别名 滇吉祥草

科属 百合科 吉祥草属

形态特征 多年生常绿草本。匍匐茎，似根状茎，绿色，多节，顶端具叶簇。叶每簇有 3~8 枚，条形至披针形，深绿色。花莛长 5~15 厘米；穗状花序，上部的花有时仅具雄蕊；花芳香，粉红色；裂片矩圆形。浆果，熟时鲜红色。

物候期　花果期 7~11 月。

习性　喜温暖及半阴环境，耐热，耐瘠，耐寒，不择土壤。生长适温 15~28℃。

生境　生长于阴湿山坡、山谷或密林下。

产地及分布　原产我国广西、贵州、江西、湖南、湖北、广东、云南、安徽、四川、陕西、浙江、江苏、河南。

应用　终年常绿，覆盖性好，为优良的地被植物，适于在庭园的疏林下、坡地、园路边大面积种植，也可用于边角处、假山石边点缀或用作镶边植物。全株有润肺止咳、清热利湿的功效。

鸢尾科

149　花菖蒲　*Iris ensata* var. *hortensis*

别名　紫色花菖蒲、粉色花菖蒲

科属　鸢尾科　鸢尾属

形态特征　多年生宿根挺水型水生花卉。本变种为园艺变种，品种甚多，植物的营养体、花型及颜色因品种而异。叶基生，线形，叶中脉凸起，两侧脉较平整。花茎高约 1 米；花莛直立并伴有退化叶 1~3 枚；苞片近革质，脉平行；花的颜色由白色至暗紫色，斑点及花纹变化甚大，单瓣以至重瓣。花柱分枝 3 条，花瓣状，顶端 2 裂。蒴果长圆形，有棱；种皮褐黑色。

物候期 花期 3~6 月，果期 9~12 月。

习性 喜光，稍耐阴，较耐寒；抗二氧化硫等多种有害气体。

生境 生长于海拔 200~2600 米的山坡、山谷、溪边、河旁、路边密林、疏林或混交林中。

产地及分布 产我国江苏、浙江、安徽、江西、福建、台湾、湖北、湖南、广东、广西、贵州、四川、云南；马来西亚也有栽培。

应用 果实可酿酒，种子榨油供制肥皂，树皮和叶入药；各地普遍栽培作绿篱。

枝叶

花

118 金钟花 *Forsythia viridissima*

别名 连翘、黄金条

科属 木樨科 连翘属

形态特征 高可达 3 米，全株除花萼裂片边缘具睫毛外，其余均无毛。小枝绿色或黄绿色，呈四棱形，具片状髓。单叶，叶片长椭圆形至披针形，或倒卵状长椭圆形，长 3.5~15 厘米，通常上半部具不规则锐锯齿或粗锯齿，稀近全缘，两面无毛。花 1~3 朵着生于叶腋，先于叶开放；花萼长 3.5~5 毫米，裂片绿色，卵形、宽卵形或宽长圆形，具睫毛；花冠深黄色，长 1.1~2.5

厘米，内面基部具橘黄色条纹，反卷。果卵形或宽卵形，长 1~1.5 厘米，具皮孔。

物候期　花期 3~4 月，果期 8~11 月。

习性　有一定的耐寒性。

生境　生长于海拔 300~2600 米的山地、谷地或河谷边林缘、溪沟边或山坡路旁灌丛中。

产地及分布 产我国江苏、安徽、浙江、江西、福建、湖北、湖南、云南西北部。除华南地区外，全国各地均有栽培，尤以长江流域一带栽培较为普遍。

应用 常用作观赏植物。

花

119 迎春花 *Jasminum nudiflorum*

别名 重瓣迎春、迎春

科属 木樨科 素馨属

形态特征 茎直立或匍匐，高 0.3~5 米。枝条下垂，小枝四棱形，棱上多少具狭翼。叶对生，三出复叶，小枝基部常具单叶；叶轴具狭翼，叶柄长 3~10 毫米，无毛；叶片和小叶片幼时两面稍被毛，老时仅叶缘具睫毛；小叶卵形或椭圆形，先端具短尖头，基部楔形；顶生小叶长 1~3 厘米，无柄或有短柄，侧生小叶片长 0.6~2.3 厘米，无柄。花单生于去年生小枝的叶腋；花萼绿色，裂片 5~6 枚，窄披针形；花冠黄色，径 2~2.5 厘米，花冠筒长 0.8~2

厘米，裂片 5~6 枚，长圆形或椭圆形。

物候期　花期 6 月。

习性　喜光，稍耐阴，颇耐寒（−15℃）。

生境　生长于海拔 800~2000 米的山坡灌丛中。

产地及分布　产我国甘肃、陕西、四川、云南西北部、西藏东南部。

应用　栽培供观赏。

枝叶

120 野迎春 *Jasminum mesnyi*

别名　云南黄素馨、南迎春

科属　木樨科　素馨属

形态特征　高 0.5~5 米，枝条下垂。小枝四棱形，无毛。叶对生，三出复叶或小枝基部具单叶；叶两面无毛，叶缘反卷，具睫毛，侧脉不甚明显；小叶片长卵形或长卵状披针形，顶生小叶片长 2.5~6.5 厘米，具短柄。花通常单生于叶腋，花叶同放；花萼钟状，裂片 5~8 枚，小叶状；花冠黄色，漏斗状，径 2~4.5 厘米。果椭圆形，两心皮基部愈合，径 6~8 毫米。

物候期　花期 11 月至翌年 8 月，果期 3~5 月。

习性　喜光，稍耐阴，不耐寒。

生境　生长于海拔 500~2600 米的峡谷、林中。

产地及分布　产我国四川西南部、贵州、云南。

应用　花大、美丽，供观赏。

玄参科

121 大叶醉鱼草 *Buddleja davidii*

别名 大卫醉鱼草

科属 玄参科 醉鱼草属

形态特征 高 1~5 米。幼枝、叶片下面、叶柄和花序均密被灰白色星状短茸毛。叶对生，叶片膜质至薄纸质，卵形或披针形，长 1~20 厘米，基部宽楔形至钝，边缘具细锯齿，上面被稀疏星状短柔毛，后变无毛。总状或圆锥状聚伞花序顶生，花冠淡紫色，后变黄白色至白色，喉部橙黄色，芳香，长 7.5~14 毫米，外被稀疏星状毛及鳞片，后变光滑无毛。蒴果狭椭圆形或狭卵形，2 瓣裂，淡褐色，无毛，基部有宿存花萼。

物候期　花期 5~10 月，果期 9~12 月。

习性　性强健，较耐寒。

生境　生长海拔 800~3000 米的山坡、沟边灌木丛中。

产地及分布　产我国陕西、甘肃、江苏、浙江、江西、湖北、湖南、广东、广西、四川、贵州、云南和西藏等地；马来西亚、印度尼西亚、美国等也有栽培。

应用　全株供药用，有祛风散寒、止咳、消积止痛的功效。花可提制芳香油。枝条柔软多姿，花美丽而芳香，是优良的庭园观赏植物。

叶

唇形科

122 迷迭香 *Rosmarinus officinalis*

别名 万年志、臭旦草

科属 唇形科 迷迭香属

形态特征 高可达2米。树皮暗灰色，不规则纵裂，块状剥落。叶簇生，线形，具短柄或无柄，全缘，上面近无毛，下面密被白色星状茸毛。花近无梗，对生，少数聚集在短枝的顶端组成总状花序。花萼卵状钟形，外面密被白色星状茸毛及腺体，内面无毛。花冠蓝紫色，外被稀疏短柔毛，冠

筒稍外伸，上唇 2 浅裂，裂片卵圆形，下唇中裂片基部缢缩成柄，侧裂片长圆形。

物候期 花期 11 月。

习性 适应性强，耐寒耐瘠薄；喜温暖，忌高温高湿，喜良好通风环境；对土壤要求不严，但在排水良好的富含砂质或疏松石灰质土壤上生长良好；喜日照充足，在半阴环境中也能生长。

生境 生长在地中海各个地区的悬崖和石质地区。

产地及分布 原产欧洲及北非地中海沿岸地区，早在曹魏时即曾引入我国，今我国各类园圃中偶有引种栽培。

应用 可作皂用或化妆香精的调和原料，又可作观赏植物。

花

123 水果蓝 *Teucrium fruticans*

别名 银香科科、灌丛石蚕

科属 唇形科 香科科属

形态特征 高可达 1.8 米。小枝呈四棱形；全株表面覆盖白色茸毛。叶对生，卵圆形，叶片呈蓝灰色；轮伞花序，于茎及短分枝上部排列成假穗状花序，花瓣呈浅蓝色。

物候期 花期 5~6 月。

习性 喜光树种，稍耐阴，耐寒，耐旱，耐瘠薄，适应性强。对土壤要求不严，酸性、中性及轻盐碱土壤均能适应。

生境　生长于石质山坡、悬崖、田野和海岸线石灰岩中。

产地及分布　原产地中海地区，广泛应用于欧美各地。

应用　用作观赏植物。

124 华紫珠 *Callicarpa cathayana*

别名　鱼显子

科属　唇形科　紫珠属

形态特征　高 1.5~3 米。幼枝疏被星状毛，老后脱落。叶片椭圆形或卵形，长 4~8 厘米，顶端渐尖，基部楔形，两面脉被毛，下面被红色腺点；叶柄长 4~8 毫米。聚伞花序细弱，宽约 1.5 厘米，三至四歧分枝，略有星状毛，花序梗长 4~7 毫米，苞片细小；花萼杯状，具星状毛和红色腺点，萼齿不明显或钝三角形；花冠紫色，疏生星状毛，有红色腺点。果实球形，紫色，径约 2 毫米。

物候期　花期 5~7 月，果期 8~11 月。

习性　喜阳光充足或半阴，有一定耐旱性，喜水分适中、排水良好的土壤。

生境　生长于海拔 1200 米的山坡、谷地的丛林中。

产地及分布　产我国河南、江苏、湖北、安徽、浙江、江西、福建、广东、广西、云南。

应用　栽培供观赏。

果实

花

125 尖齿臭茉莉

Clerodendrum lindleyi

别名　臭牡丹、臭茉莉

科属　唇形科　大青属

形态特征　高可达 3 米。幼枝被短柔毛。叶片纸质，宽卵形或心形，两面被短柔毛，基部脉腋有数个盘状腺体，叶缘有不规则锯齿或波状齿；叶柄长 2~11 厘米，被短柔毛。伞房状聚伞花序密集，顶生，花序梗被短柔毛；苞片披针形，被短柔毛、腺点及盾状腺体；花冠紫红色或淡红色，花冠筒长 2~3 厘米，裂片倒卵形，长 5~7 毫米。核果近球形，径 5~6 毫米，成熟时蓝黑色，大半被紫红色增大的宿萼所包。

果序

物候期 花果期 6~11 月。

习性 极耐阴湿，忌阳光直晒，不择土壤。

生境 生长于海拔 2800 米以下的山坡、沟边、杂木林或路边。

产地及分布 产我国浙江、江苏、安徽、江西、湖南、广东、广西、贵州、云南。

应用 栽培供观赏，可入药。

牡荆

Vitex negundo var. cannabifolia

别名 黄荆子

科属 唇形科 牡荆属

形态特征 小枝四棱形。叶对生，掌状复叶，小叶 5，少有 3；小叶片披针形或椭圆状披针形，顶端渐尖，基部楔形，边缘有粗锯齿，表面绿色，背面淡绿色，通常被柔毛。圆锥花序顶生，长 10~20 厘米；花冠淡紫色。果实近球形，黑色。

叶

物候期 花期 6~7 月，果期 8~11 月。

习性 喜光，耐干旱瘠薄土壤，适应性强。

生境 生长于海拔 800 米以下的山坡、谷地灌丛或林中。

产地及分布 产我国华东各地及河北、湖南、湖北、广东、广西、四川、贵州、云南；日本也有分布。

应用 栽培供观赏。茎皮可供纤维，茎叶、种子、根可入药，花、枝叶可提取芳香油。

冬青科

127 枸骨 *Ilex cornuta*

别名 枸骨冬青、鸟不宿

科属 冬青科 冬青属

形态特征 小枝粗,具纵沟,沟内被微柔毛。叶二型,四角状长圆形,先端宽三角形或长圆形、卵形及倒卵状长圆形,全缘,先端具尖硬刺,反曲,基部圆或平截,具 1~3 对刺齿,无毛;叶柄长 4~8 毫米,被微柔毛。花序簇生叶腋,花 4 基数,淡黄绿色。果球形,熟时红色,宿存柱头盘状;分

花

核4，背部密被皱纹、纹孔及纵沟，内果皮骨质。

物候期　花期4~5月，果期10~12月。

习性　喜光，耐阴、耐干旱、较耐寒，喜肥沃的酸性土壤，不耐盐碱，长江流域可露地过冬。

生境　生长于海拔150~1900米的山坡、丘陵等的灌丛中、疏林中以及路边、溪旁和村舍附近。

产地及分布　产我国江苏、上海、安徽、浙江、江西、湖北、湖南等地，云南昆明等城市庭园有栽培；欧美一些国家植物园等也有栽培，朝鲜也有分布。

应用 优良的观叶、赏果树种，适合作庭院观赏和岩石园材料，北方常盆栽观赏；其根、枝叶和果可入药。

128 龟甲冬青

Ilex crenata var. *convexa*

别名　豆瓣冬青、龟背冬青

科属　冬青科　冬青属

形态特征　高可达 5 米。树皮灰黑色，多分枝，小枝具有灰色细毛。叶小而密，叶面凸起，厚革质，叶片椭圆形或长倒卵形；正面亮绿色，背面淡绿色，无毛，叶柄上面具槽。花白色，雄花 1~7 朵排成聚伞花序，单生于当年生枝的鳞片腋内或下部的叶腋内，或假簇生于 2 年生枝的叶腋内，雌花单花，2 或 3 花组成聚伞花序生于当年生枝的叶腋内；子房卵球形，黑色。

物候期　花期 5~6 月，果期 9~10 月。

习性 喜光，稍耐阴，适生于温暖湿润环境，耐寒，不耐高温，耐旱性较差，耐修剪，萌发性强，病虫害较少。

生境 在肥沃疏松、排水良好的酸性土壤中生长良好。

产地及分布 原产我国福建；朝鲜和日本也有。我国山东以南常见栽培。

应用 多成片栽植作为地被树，也常用于彩块及彩条作为基础种植。也可植于花坛、树坛及园路交叉口，还可制作成盆景、桩景，观赏效果均佳。

129 齿叶冬青 *Ilex crenata*

别名 多齿钝齿冬青

科属 冬青科 冬青属

形态特征 常绿多枝灌木，高可达 5 米。树皮灰白色；小枝密被细柔毛。叶厚革质，矩圆形至长倒卵形，先端圆或钝尖，基部楔形，边缘疏生浅而小的锯齿，下面具腺点。花 4 基数，白色，雌雄异株，雄花排成腋生聚伞花序，生于当年生枝上，雌花通常单生组成聚伞花序，生于叶腋，子房卵圆形，柱头盘形。果球形，熟时黑色，宿存柱头厚盘状，内果皮纸质。

物候期　花期 5~6 月，果期 8~10 月。

习性　喜光，喜肥沃、排水良好的酸性土壤，耐阴、耐寒、耐干旱瘠薄、耐修剪；深根性，萌发性强，对二氧化硫及烟尘有一定抗性。

生境　生长于海拔 700~2100 米的丘陵、山地杂木林或灌木丛中。

产地及分布　原产日本和韩国，我国东南部地区有分布，欧美各地也有栽培。

应用　因枝叶茂密，耐修剪，可作为园林地被，也可作盆栽造型。

叶

花　　　　　　　　　　　　　　林泰文　摄

金缕梅科

130　小叶蚊母树　*Distylium buxifolium*

别名　圆头蚊母树

科属　金缕梅科　蚊母树属

形态特征　高 1~2 米。嫩枝秃净或略有柔毛，纤细，节间长 1~2.5 厘米；老枝无毛，有皮孔，干后灰褐色；芽体有褐色柔毛。叶薄革质，倒披针形或矩圆状倒披针形，先端锐尖，基部狭窄下延；上面绿色，干后暗晦无光泽，下面秃净无毛，干后稍带褐色，边缘无锯齿；托叶短小，早落。雌花或两性花的穗状花序腋生，花序轴有毛，苞片线状披针形，萼筒极短，雄蕊未见，子房有星状毛。蒴果卵圆形，有褐色星状茸毛，先端尖锐；种子褐色，发亮。

物候期 花期 2~5 月，果期 8~10 月。

习性 喜光，喜温暖湿润气候，耐半阴，对土壤要求不严，酸性和中性土壤皆可适应，以肥沃、湿润土壤为宜，萌芽力和发枝力强。

生境 生长于海拔 500 米以下的山溪旁或河边。

产地及分布 分布于我国四川、湖北、湖南、福建、广东及广西等地。

应用 栽培供观赏，适宜园林中涧边栽培，也可作盆景。

荚蒾科

131　绣球荚蒾

Viburnum keteleeri 'Sterile'

别名　木绣球

科属　荚蒾科　荚蒾属

形态特征　高可达 3 米。树冠球形，树皮灰褐色或灰白色；幼枝有垢屑状星状毛，老枝粗壮，具皮孔，枝条开展；冬芽裸露，芽、幼枝、叶柄及花序均密被灰白色或黄白色簇状短毛，后渐变无毛。叶临冬至翌年春季逐渐落尽，纸质，卵形至椭圆形或卵状矩圆形。大型聚伞花序呈球状，形如绣球，几全由不孕花组成；花冠白色，辐状。果熟时红色，后黑色，椭圆形。

物候期　花期 4~5 月。

习性　喜光，稍耐阴，喜温暖湿润气候，较耐寒，宜在肥沃、湿润、排水良好的土壤中生长。长势旺盛，萌芽力和萌蘖力强。

生境　常生长于山地林间的微酸性土壤或平原向阳且排水较好的中性土中。

产地及分布　原产我国长江流域、华中和西南，现南北各地园林都有栽植。

应用　栽培供观赏，也用于城市绿化。

叶

132 地中海荚蒾 *Viburnum tinus*

别名 桂叶荚蒾、泰森荚蒾

科属 荚蒾科 荚蒾属

形态特征 高 2~7 米。多分枝，树冠呈球形，冠径可达 2.5~3 米。叶对生，椭圆形至卵圆形，深绿色，叶长约 10 厘米。聚伞花序，单花小，仅 0.6 厘米，花蕾粉红色，花蕾期很长，可达 5 个多月，盛开后花白色，整个花序直径达 10 厘米。果卵形，深蓝黑色，径 0.6 厘米。

物候期 花期 5~6 月，果熟期 9~10 月。

花

习性　喜光，也耐阴，耐低温，对土壤要求不严，较耐干旱，耐修剪。

生境　常栽植于庭院、道路旁等处。

产地及分布　原产欧洲地中海地区，我国华东地区常见栽培。

应用　生长快速，枝叶繁茂，适于作绿篱，也可栽于庭院观赏，是我国长江三角洲地区冬季常见的观花植物。

133 珊瑚树 *Viburnum odoratissimum*

别名 极香荚蒾

科属 荚蒾科 荚蒾属

形态特征 高可达 10 米。枝灰色或灰褐色，有小瘤状皮孔，无毛或稍被黄褐色簇状毛。叶革质，椭圆形、长圆形、长圆状倒卵形或倒卵形，全缘或上部有不规则浅波状锯齿，背面有时散生暗红色微腺点。花小而白，圆锥花序顶生或生于侧生短枝，花冠无毛，白色，后黄白色，裂片反折，圆卵形，雄蕊稍超出花冠裂片。果熟时红色，后黑色，卵圆形或卵状椭圆形，有深腹沟。

物候期　花期 4~5 月，果熟期 7~9 月。

习性　喜温暖，稍耐寒，喜光，稍耐阴。在潮湿、肥沃的中性土壤中生长迅速，也能适应酸性或微碱性土壤。根系发达，萌芽性强，耐修剪，对有害气体抗性强。

生境　生长于海拔 200~1300 米的山谷密林中溪涧旁蔽荫处、疏林中向阳地或平地灌丛中。

产地及分布　产我国福建东南部、湖南南部、广东、海南和广西；印度东部、缅甸北部、泰国和越南也有分布。

应用　栽培作绿化树种，木材可供作细木工的原料。根和叶可入药。

果

134 日本珊瑚树 *Viburnum awabuki*

别名 法国冬青

科属 荚蒾科 荚蒾属

形态特征 树冠倒卵形，枝干挺直。树皮灰褐色，具有圆形皮孔。叶对生，倒卵状矩圆形，稀倒卵形，顶端钝或急狭而钝头，基部宽楔形，边缘常有较规则的波状浅钝锯齿，侧脉 6~8 对，表面暗绿色，常年苍翠欲滴。圆锥花序通常生于具两对叶的幼枝顶；花冠筒长 3.5~4 毫米；花柱较细，长约 1 毫米，柱头常高出萼齿。果核通常倒卵圆形至倒卵状椭圆形，长 6~7 毫米。

物候期 花期 5~6 月，果期 9~10 月。

习性　喜光，喜温暖湿润环境，较耐寒，稍耐阴，根系发达，萌芽性强，耐修剪，对有害气体抗性强。

生境　生长于潮湿、肥沃的中性土壤。

产地及分布　产我国浙江（普陀、舟山）和台湾，长江下游各地常见栽培；日本、朝鲜南部也有分布。

应用　是一种很理想的园林绿化树种，因对煤烟和有害气体具有较强的抗性和吸收能力，尤其适合于城市作绿篱或园景丛植。

135 接骨木 *Sambucus williamsii*

别名　九节风、续骨草

科属　荚蒾科　接骨木属

形态特征　高 5~6 米。老枝淡红褐色，具明显的长椭圆形皮孔，髓部淡褐色。羽状复叶对生，有小叶 2~3 对，有时仅 1 对或多达 5 对，侧生小叶片卵圆形、狭椭圆形至倒矩圆状披针形，长 5~15 厘米，质较厚而柔软，缘具锯齿，通常无毛；叶揉碎后有臭味。花与叶同出，圆锥形聚伞花序顶生，花小而密；花冠蕾时带粉红色，开后白色或淡黄色。果实红色，极少蓝紫黑色，卵圆形或近圆形，径 3~5 毫米。

物候期　花期一般 4~5 月，果期 9~10 月。

习性　喜光，亦耐阴，较耐寒，耐旱，根系发达，萌蘖性强，忌水涝。抗污染性强。

生境　生长于海拔 540~1600 米的山坡、灌丛、沟边、路旁、宅边等地。

产地及分布　产我国黑龙江、吉林、辽宁、河北、山西、陕西、甘肃、山东、江苏、安徽、浙江、福建、河南、湖北、湖南、广东、广西、四川、贵州及云南等地。

应用　可作观赏植物；亦可药用。

花

忍冬科

136 金银忍冬 *Lonicera maackii*

别名　金银木

科属　忍冬科　忍冬属

形态特征　幼枝暗红褐色，密被硬直糙毛、腺毛和柔毛，下部常无毛。叶纸质，卵形或长圆状卵形，有时卵状披针形，稀圆卵形或倒卵形，极少有1至数个钝缺刻，基部圆或近心形，有糙缘毛，下面淡绿色，小枝上部叶两面均密被糙毛，下部叶常无毛，下面多少带青灰色。总花梗通常单生于小枝上部叶腋，花冠先白后黄色，唇形。果实圆形，熟时蓝黑色，有光泽；种子卵圆形或椭圆形，褐色，中部有凸起，两侧有浅的横沟纹。

物候期　花期 5~6 月，果期 8~10 月。

习性　喜光，喜温暖湿润的气候，耐寒、耐旱，对土壤适应性强。

生境　生长于山坡灌丛或疏林中、乱石堆、路旁及村庄篱笆边，云南、西藏等地最高海拔可达 3000 米。

产地及分布　产黑龙江、吉林、辽宁三省的东部，河北、山西南部、陕西、甘肃东南部、山东东部和西南部、江苏、安徽、浙江北部、河南、湖北、湖南西北部和西南部（新宁）、四川东北部、贵州（兴义）、云南东部至西北部及西藏（吉隆）等地。

应用　优良的城市绿化树种和园林观赏树种；茎皮可制人造棉；花可提取芳香油；种子榨成的油可制肥皂。

137 郁香忍冬 *Lonicera fragrantissima*

别名　四月红

科属　忍冬科　忍冬属

形态特征　高可达 2 米。幼枝无毛或疏被倒刚毛，或兼有腺毛，毛脱落后有小瘤突；冬芽有 1 对先端尖的外鳞片。叶厚纸质或带革质，形态变异很大，从倒卵状椭圆形、椭圆形、圆卵形、卵形至卵状矩圆形，先端短尖或具凸尖，两面无毛或下面中脉有少数刚伏毛，花冠白或淡红色，无毛；叶柄长2~5 毫米，有刚毛。花先叶或与叶同放，芳香，生于幼枝基部苞腋。果熟时鲜红色，长圆形，部分连合。

物候期　花期 2~4 月，果期 4~5 月。

习性　喜光，耐阴，耐寒，耐旱，在湿润、肥沃的土壤中生长良好。

生境　生长于海拔 200~700 米的山坡灌丛中。

产地及分布　原产朝鲜、我国东北地区；适应我国南北各地，上海、杭州、庐山和武汉等地均有栽培。

应用　栽培供观赏，常见园林绿化树种之一，老桩可制作盆景。

138　大花糯米条　*Abelia × grandiflora*

别名　大花六道木

科属　忍冬科　糯米条属

形态特征　自然生长高可达 1.8 米。幼枝红褐色，有短柔毛。叶片倒卵形，长 2~4 厘米，墨绿色有光泽。花粉白色，钟形，长约 2 厘米，有香味，花小，花形优美，似漏斗，5 裂；数朵着生于叶腋或花枝顶端，呈圆锥花序或聚伞花序单生，花冠钟状，花萼 4~5 枚，大而宿存，粉红色，萼片宿存至冬季。瘦果黄褐色。

物候期　花期 6~10 月，果期 9~11 月。

花

大花

习性 喜光，耐阴性强。喜温暖湿润气候。对土壤要求不严，酸性、中性和微碱性土均能生长。喜肥沃通透的砂壤土，不耐积水。萌蘖能力强，耐修剪。

生境 常生长于海拔 170~1500 米的山地。

产地及分布 分布于我国华东、西南及华北地区。

应用 在园林方面，适宜丛植、片植于空旷地块、水边或建筑物旁。可修剪成规则球状列植于道路两旁，或作花篱，也可自然栽种于岩石缝中、林中树下。

花

139 锦带花 *Weigela florida*

别名 海仙、锦带

科属 忍冬科 锦带花属

形态特征 高1~3米。树皮灰色；幼枝稍四方形。叶矩圆形、椭圆形至倒卵状椭圆形，边缘有锯齿，上面疏生短柔毛，脉上毛较密，下面密生短柔毛或茸毛，具短柄至无柄。花单生或呈聚伞花序生于侧生短枝的叶腋或枝顶，萼筒长圆柱形，疏被柔毛，花冠紫红色或玫瑰红色，外面疏生短柔毛，花药黄色；子房上部的腺体黄绿色，花柱细长。果实顶有短柄状喙，疏生柔毛；种子无翅。

物候期　花期 4~6 月，果期 7~10 月。

习性　喜光，耐阴，耐寒；对土壤要求不严，能耐瘠薄土壤，但以深厚、湿润、腐殖质丰富的土壤生长最好，忌水涝。萌芽力强，生长迅速。

生境　生长于海拔 100~1450 米的杂木林下或山顶灌木丛中。

产地及分布　产我国黑龙江、吉林、辽宁、内蒙古、山西、陕西、河南、山东北部、江苏北部等地；俄罗斯、朝鲜和日本也有分布。

应用　用作观赏植物，适宜庭院墙隅、湖畔群植；也可在树丛林缘作花篱、丛植配植；或点缀于假山、坡地。

140 花叶锦带花

Weigela florida 'Variegata'

别名　花叶矮锦带花、白边锦带花

科属　忍冬科　锦带花属

形态特征　高 1~2 米，株丛紧密。嫩枝淡红色，老枝灰褐色。单叶对生，椭圆形或卵圆形，叶端渐尖，叶缘为白色至黄色或粉红色。花芽为混合芽，着生于当年生枝条先端或叶腋；聚伞花序生于叶腋及枝端，花 1~4 朵，萼筒绿色，花冠喇叭状，紫红色至淡粉色，由于开放时间有先后，使整个植株呈现双色花朵。蒴果柱形。

物候期　花期 4~5 月，果期 10 月。

习性　抗寒，耐旱，喜温暖湿润、光照充足的环境，对土壤适应性强，中性土、砂壤土均能生长，对二氧化硫、氯化氢有较强抗性。

生境　多栽植于庭院、水边和草坪处。

产地及分布　原种产我国华北、东北及华东北部，各地均有栽培。

应用　常用作观叶的植物材料，可密植作花篱，丛植、孤植于庭园中，能净化空气。

果

海桐科

141 海桐 *Pittosporum tobira*

科属 海桐科 海桐属

形态特征 高 2~6 米。嫩枝被褐色柔毛，有皮孔；枝条近轮生。叶聚生枝端，革质，狭倒卵形，长 5~12 厘米，宽 1~4 厘米，顶端圆形或微凹，边缘全缘，无毛或近叶柄处疏生短柔毛。花序近伞形，多少密生短柔毛；花有香气，白色或带淡黄绿色；萼片 5，卵形，长约 5 毫米；花瓣 5，长约 1.2 厘米；雄蕊 5；子房密生短柔毛。蒴果近球形，果皮木质；种子暗红色。

物候期 花期 3~5 月，果熟期 9~10 月。

习性 喜温暖湿润气候，不耐寒，抗海潮风及二氧化硫等有害气体的能力强，萌芽力强，耐修剪。

生境 生长于林下沟边，各地也多栽培。

产地及分布 分布在我国广东、福建、浙江、江苏；朝鲜、日本也有分布。

应用 著名的观叶、观果植物，可作绿篱栽植，也可孤植、丛植于草丛边缘、林缘或门旁，列植在路边；也是海岸防潮林、防风林及矿区绿化的重要树种；木材可作器具。

五加科

142 八角金盘 *Fatsia japonica*

别名 手树

科属 五加科 八角金盘属

形态特征 高约 5 米。幼枝、叶和花序密被绵状茸毛，过后脱落。叶柄长 10~30 厘米；叶片近圆形，宽 7~9 厘米，革质，具 7~9 深裂。花序聚生为伞形花序，再组成顶生圆锥花序；主轴长 20~40 厘米；花序梗长 10~15 厘米；

伞形花序直径 3~4 厘米；花梗长 1~1.5 厘米；花萼边缘具小齿；花瓣卵形，3~4 毫米。果球状，直径约 5 毫米。

物候期 花期 10~11 月，果期翌年 2~5 月。

习性 稍耐阴，耐寒性不强，要求土壤排水良好。

生境 常见于庭院、墙隅、建筑物背阴处或溪流边、草坪边缘及林地下。

产地及分布 广泛栽培在我国安徽、福建、江苏、江西、浙江。

应用 用作园林栽培和室内观赏植物。

143 熊掌木 × *Fatshedera lizei*

别名 五角金盘

科属 五加科 五角金盘属

形态特征 常绿蔓性灌木，是八角金盘与常春藤的属间杂交种。初生时茎呈草质，后渐转木质化。单叶互生，掌状5裂，叶基心形，叶宽，全缘；新叶密被褐色茸毛，老叶浓绿而光滑；柄较长。花黄绿色，径约9毫米，由多数伞形花序组成顶生圆锥花序。不结果。

物候期　四季常绿，成年植株在秋天开淡绿色小花。

习性　耐阴，喜冷凉湿润环境，可耐3℃低温，不择土壤，抗污染。

生境　有极强的耐阴能力，适宜在林下种植。

产地及分布　在我国长江流域有引种栽培。

应用　可片植作林下地被，也可作绿篱或盆栽观赏。

草本（藤本）篇

　　草本植物和藤本植物以其灵动的姿态和细腻的质感，为杭州的园林带来了别样的风情。从西湖边的荷花到九溪的爬山虎，这些植物不仅为园林增添了生机，还为城市带来了自然的野趣。

　　本篇主要介绍杭州市常见的鸢尾、芦苇、沿阶草等草本植物及紫藤、地锦、木通等藤本植物共 24 科 33 属 37 种，包括它们的生长习性、观赏价值以及在园林中的应用。通过本章，读者能够了解草本地被及藤本植物是如何丰富杭州园林的多层次生态空间，起到点睛之美的。

睡莲科

144 睡莲 *Nymphaea* spp.

别名 子午莲、粉色睡莲

科属 睡莲科 睡莲属

形态特征 多年生水生草本；根状茎短粗。叶漂浮，心脏状卵形或卵状椭圆形，基部具深弯缺，上面光亮，下面带红色或紫色，无毛；叶柄细长。花单生在花梗顶端，漂浮于水面；萼片 4；花瓣 8~15，白色。浆果球形，为宿存萼片包裹；种子多数，椭圆形，有肉质囊状假种皮。

物候期 花期 6~8 月，果期 8~10 月。

习性 喜阳光充足、温暖潮湿、通风良好的环境；稍耐阴，对土质要求不严，pH6~8 均可正常生长，但喜富含有机质的壤土。

生境　生长于池沼、湖泊中。

产地及分布　在我国广泛分布；俄罗斯、朝鲜、日本、印度、越南、美国也有分布。

应用　花色绚丽多彩，花姿楚楚动人，可池塘片植和居室盆栽；摆放于建筑物、雕塑、假山石前。根状茎含淀粉，供食用或酿酒。全草可作绿肥。

天南星科

145 金钱蒲 *Acorus gramineus*

别名 石菖蒲、山艾

科属 天南星科 菖蒲属

形态特征 多年生草本。植株丛生状。根肉质，具芳香，外皮淡黄色；根茎上部多分枝，呈丛生状。叶基对折；叶片质较厚，线形，绿色，无中肋，平行脉多数。叶状佛焰苞；肉穗花序黄绿色，圆柱形。果黄绿色。

物候期　花期 5~6 月，果期 7~8 月。

习性　既喜光又耐阴，明亮至半阴处都可以栽种，不宜强烈阳光直射，喜温暖湿润气候，对环境适应性强。

生境　生长于海拔 1800 米以下的水旁湿地或岩石上。

产地及分布　产我国浙江、江西、湖北、湖南、广东、广西、陕西、甘肃、四川、贵州、云南、西藏。各地常见栽培。

应用　叶片色彩明亮，可栽于池边、岩石旁或作林下阴湿地被；也可在全光照下作为色彩地被；作花境、花坛的镶边材料亦十分漂亮；还可室内盆栽。可入药。

叶

铁角蕨科

146 巢蕨 *Asplenium nidus*

别名　鸟巢蕨、尖头巢蕨

科属　铁角蕨科　铁角蕨属

形态特征　附生草本，植株高 80~100 厘米。根状茎直立，木质，深棕色。叶簇生，围绕根顶部圆形排列，中间形成一个凹陷状似鸟巢；禾秆色或暗棕色；叶片阔披针形，革质，干后棕绿色或浅棕色，两面均无毛。孢子囊群线形；囊群盖线形，浅棕色或灰棕色，厚膜质，全缘，宿存。

习性　喜高温湿润的半阴环境，不耐强光；不耐寒，不耐旱；栽培宜选用深厚肥沃、排水顺畅的酸性介质。

生境　常呈大丛附生于雨林中树干上或岩石上。

产地及分布　分布于我国台湾、广东、广西、海南、云南（金平）等地；非洲热带东部、日本、韩国、东南亚大部分热带地区、澳大利亚等地也有分布。

应用　栽培作观赏植物，是营造雨林景观和热带植物园的首选植物；可作观叶植物，常用以制作吊盆或吊篮；全草有药用价值；嫩叶可食用。

叶

肾蕨科

147　肾蕨　*Nephrolepis cordifolia*

别名　石黄皮

科属　肾蕨科　肾蕨属

形态特征　多年生草本植物，附生或土生。根状茎直立；下部有粗铁丝状的匍匐茎向四方横展，棕褐色，上生有近圆形的块茎。叶簇生，叶片线状披针形或狭披针形，一回羽状，羽片多数，互生，常密集呈覆瓦状排列；叶坚草质或草质，干后棕绿色或褐棕色，光滑。孢子囊群呈1行位于主脉两侧，肾形，位于从叶边至主脉的1/3处；囊群盖肾形，褐棕色，无毛。

习性　喜温暖湿润环境，喜半阴。

生境　生长于海拔 500 米以下的低山丘陵的向阳处或林下。

产地及分布　产我国浙江、福建、台湾、湖南南部、广东、海南、广西、贵州、云南和西藏；广布于全世界热带及亚热带地区。

应用　本种为世界各地普遍栽培的观赏蕨类。优良的盆栽蕨类及采收鲜切叶的良种。块茎富含淀粉，可食，亦可供药用。

花

百合科

148　吉祥草　*Reineckea carnea*

别名　滇吉祥草

科属　百合科　吉祥草属

形态特征　多年生常绿草本。匍匐茎，似根状茎，绿色，多节，顶端具叶簇。叶每簇有 3~8 枚，条形至披针形，深绿色。花莛长 5~15 厘米；穗状花序，上部的花有时仅具雄蕊；花芳香，粉红色；裂片矩圆形。浆果，熟时鲜红色。

物候期　花果期 7~11 月。

习性　喜温暖及半阴环境，耐热，耐瘠，耐寒，不择土壤。生长适温 15~28℃。

生境　生长于阴湿山坡、山谷或密林下。

产地及分布　原产我国广西、贵州、江西、湖南、湖北、广东、云南、安徽、四川、陕西、浙江、江苏、河南。

应用　终年常绿，覆盖性好，为优良的地被植物，适于在庭园的疏林下、坡地、园路边大面积种植，也可用于边角处、假山石边点缀或用作镶边植物。全株有润肺止咳、清热利湿的功效。

鸢尾科

149 花菖蒲 *Iris ensata* var. *hortensis*

别名　紫色花菖蒲、粉色花菖蒲

科属　鸢尾科　鸢尾属

形态特征　多年生宿根挺水型水生花卉。本变种为园艺变种，品种甚多，植物的营养体、花型及颜色因品种而异。叶基生，线形，叶中脉凸起，两侧脉较平整。花茎高约 1 米；花莛直立并伴有退化叶 1~3 枚；苞片近革质，脉平行；花的颜色由白色至暗紫色，斑点及花纹变化甚大，单瓣以至重瓣。花柱分枝 3 条，花瓣状，顶端 2 裂。蒴果长圆形，有棱；种皮褐黑色。

物候期　花期6~7月，果期8~9月。

习性　喜潮湿。

生境　多栽于河、湖、池塘边，或盆栽。

产地及分布　产我国黑龙江、吉林、辽宁、山东、浙江；朝鲜、日本也有分布。

应用　栽培作观赏植物，常应用于湿地公园中，成片群植；也常盆栽观赏；亦可作为切花材料；根可入药。

150 黄菖蒲 *Iris pseudacorus*

别名　黄花鸢尾、水生鸢尾

科属　鸢尾科　鸢尾属

形态特征　多年生草本，植株基部围有少量老叶残留的纤维。根状茎粗壮，黄褐色；须根黄白色，有皱缩的横纹。基生叶灰绿色，宽剑形，顶端渐

尖，基部鞘状，中脉较明显。花茎粗壮，有明显的纵棱，上部分枝，茎生叶比基生叶短而窄；苞片 3~4 枚，膜质，绿色，披针形；花黄色；外花被裂片无附属物，中部有黑褐色花纹，内花被裂片倒披针形；花柱分枝淡黄色。

物候期　花期 5 月，果期 6~8 月。

习性　耐热，耐旱，极耐寒，喜生长在浅水及微酸性土壤中，在干旱、微碱性的土壤中也可生长，生态适应性广。

生境　生长于河湖沿岸的湿地或沼泽地上；在水边或露地栽培，又可在水中挺水栽培。

产地及分布　原产欧洲，我国各地常见栽培。

应用　水生陆生兼备的花卉，观赏价值高；常供盆栽观赏或作插花切叶；可入药，也可作染料。

151 蝴蝶花 *Iris japonica*

别名 开喉箭、兰花草、扁竹、铁豆柴

科属 鸢尾科 鸢尾属

形态特征 根状茎可分为较粗的直立根状茎和纤细的横走根状茎，直立的根状茎扁圆形，节间短，棕褐色，横走的根状茎节间长，黄白色。叶基生，暗绿色，有光泽，近地面处带红紫色，剑形，长 25~60 厘米，无明显的中脉。花茎直立，高于叶片，花茎有 5~12 侧枝，顶生总状圆锥花序；花淡蓝色或蓝紫色，径 4.5~5.5 厘米；外花被有黄色斑纹，中脉有黄色鸡冠状附属物。蒴果椭圆状卵圆形；种子黑褐色，呈不规则多面体。

物候期 花期 3~4 月，果期 5~6 月。

花

习性　喜湿润、疏松肥沃的微酸性至中性土壤，可耐 –10℃左右低温。耐阴性较强，喜半阴环境，适合种植在林缘、树荫下或建筑物背阴处，避免强光直射。

生境　生长于山坡较荫蔽而湿润的草地、疏林下或林缘草地。

产地及分布　产我国江苏、安徽、浙江、福建、湖北、湖南、广东、广西、陕西、甘肃、四川、贵州、云南。日本也有分布。

应用　可丛植于阴湿林下、庭院墙边、溪畔等半阴湿润处，成片种植可形成飘逸的地被景观，花期如蝴蝶翩跹，适合营造自然野趣。也是民间常用草药，用于清热解毒、消瘀逐水，治疗小儿发烧、肺病咳血、喉痛、外伤瘀血等。

天门冬科

152 沿阶草 *Ophiopogon bodinieri*

别名 铺散沿阶草、矮小沿阶草

科属 天门冬科 沿阶草属

形态特征 多年生宿根草本。根纤细，近末端处有时具膨大成纺锤形的小块根。茎很短。叶基生成丛，禾叶状，先端渐尖，具 3~5 条脉，边缘具细锯齿。花葶较叶稍短或几等长，总状花序；花常单生或 2 朵簇生于苞片腋内；苞片条形或披针形，少数呈针形，稍带黄色，半透明；花被片卵状披针形、

披针形或近矩圆形，内轮 3 片宽于外轮 3 片，白色或稍带紫色；种子近球形或椭圆形。

物候期 花期 6~8 月，果期 8~10 月。

习性 喜阴湿环境，忌阳光暴晒，不耐盐碱或干旱，耐寒，对土壤要求不严。

生境 生长于山坡上或林下阴湿处。

产地及分布 产我国云南西北部（维西傈僳族自治县、大理、丽江一带）。

应用 长势强健，可成片栽于风景区作地被植物，叶色终年常绿，花莛直挺，花色淡雅，能作为盆栽观叶植物；可入药。

芭蕉科

153 芭蕉 *Musa basjoo*

别名 芭蕉树

科属 芭蕉科 芭蕉属

形态特征 多年生高大草本，茎直立，高 2.5~4 米。叶长圆形，长 2~3 米，先端钝，基部圆或不对称，上面鲜绿色，有光泽，叶鞘上部及叶下面无蜡粉或微被蜡粉；叶柄粗壮，长达 30 厘米。花序顶生，下垂；苞片红褐色

或紫色；雄花生于花序上部，雌花生于花序下部；雌花在每苞片内 10~16，排成 2 列；合生花被片长 4~4.5 厘米，具 5 齿裂，离生花被片几与合生花被片等长，先端具小尖头。浆果棱状长圆形，具 3~5 棱，近无柄，肉质，内具多数种子。

物候期　花期 2~4 月，果期 6~8 月。

习性　喜温暖，耐寒力弱，耐半阴，适应性较强，茎分生能力强，生长较快。

生境　多栽培于庭园及农舍附近。

产地及分布　原产日本，我国台湾可能有野生，秦岭淮河以南可以露地栽培。

应用　用作观赏植物，长江流域及其以南地区普遍植于庭院观赏；窗前、墙隅栽植尤为合适；亦为造纸原料；假茎煎服可解热。

美人蕉科

154　美人蕉　*Canna indica*

别名　蕉芋

科属　美人蕉科　美人蕉属

形态特征　宿根花卉，植株全绿色，株高达 1.5 米。叶卵状长圆形。总状花序疏花，略超出叶片之上；花红色，单生；苞片卵形，绿色；萼片 3，披针形，绿色，有时染红；花冠裂片披针形，绿色或红色；外轮退化雄蕊 2~3 枚，鲜红色，其中 2 枚倒披针形；唇瓣披针形，弯曲。蒴果绿色，长卵形，有软刺。

物候期　花果期 3~12 月。

习性　喜温暖湿润气候，不耐霜冻，不耐寒，对土壤要求不严，能耐瘠薄，在肥沃、湿润、排水良好的砂壤土中生长较好，也适应于肥沃黏质土壤。

生境　栽培于庭院、公园。

产地及分布　我国南北各地常有栽培。

应用　花大色艳，观赏价值很高，可盆栽、地栽、装饰花坛；抗性强，是绿化、美化、净化环境的理想花卉；块茎可煮食或提取淀粉；茎叶纤维可造纸、制绳。

禾本科

155 菲黄竹 *Pleioblastus viridistriatus*

科属 禾本科 苦竹属

形态特征 秆高可达80厘米，绿色，无毛，平滑，中空。箨环隆起，深紫色，无毛。秆环稍隆起。箨鞘绿色，无毛，箨耳缺失，鞘口初时具微弱繸毛。箨舌截平形、卵状披针形，叶鞘绿色，无毛，边缘具纤毛；叶耳缺失，叶舌近截平形，无毛，叶片披针形，先端渐尖，基本圆形，上面无毛，下面被灰白色柔毛，小横脉组成长方形。

物候期　笋期 4 月。

习性　耐寒不耐热，耐旱，耐风，高温生长迟缓。

生境　喜温暖、湿润、向阳至略荫蔽之地，生长适宜温度 15~25℃，日照 50%~100%。

产地及分布　原产日本。我国江西宜丰竹博园、袁山公园有引种栽培。

应用　常用作地被或其他造景，也可用于盆栽供观赏；植株低矮，生长密集，为优良地被小型竹种。

156 矮蒲苇

Cortaderia selloana 'Pumila'

科属 禾本科 蒲苇属

形态特征 多年生草本，高可达 120 厘米。茎丛生。叶多聚生于基部，长而狭，下垂，边缘具细齿，呈灰绿色。雌雄异株；圆锥花序羽毛状，雌花穗银白色，雄穗为宽塔形。

物候期 花期 9~10 月。

习性 耐寒，喜温暖、阳光充足及湿润气候。对土壤要求不严，易栽培，管理粗放。

生境 常栽植于岸边或庭院。

产地及分布 原产阿根廷和巴西，我国上海、南京、北京等地的公园有引种栽培。

应用 花穗长而美丽，用于园林绿化或岸边栽植；也可用作干花，或在花境、观赏草专类园内使用，具有优良的生态适应性和观赏价值。

157 斑茅 *Saccharum arundinaceum*

别名　大密、巴茅

****

科属　禾本科　甘蔗属

****

形态特征　多年生高大丛生草本。秆粗壮，高 2~4 米，具多数节，无毛。叶片宽大，线状披针形，中脉粗壮，边缘锯齿状粗糙。圆锥花序大型，稠密，主轴无毛，每节着生 2~4 枚分枝，分枝二至三回分出；总状花序轴节间与小穗柄细线形，被长丝状柔毛，顶端稍膨大。颖果长圆形。

****

物候期　花果期 8~12 月。

****

习性　喜温暖潮湿气候，耐旱，耐涝，适宜在疏松、肥沃的砂质壤土栽培。

生境　生长在山坡和河岸溪涧草地处。

产地及分布　分布于我国河南、陕西、浙江、江西、湖北、湖南、福建、台湾、广东、海南、广西、贵州、四川、云南等地；印度、缅甸、泰国、越南、马来西亚也有分布。

应用　叶片长大而翠绿，草丛外观雅致，冬春之间梢端抽出巨大而浓密的圆锥花序，是庭园观赏植物的佳品；嫩叶可供作牛马的饲料；秆可编席和造纸；根、茎、花等可入药。

158 花叶芦竹

Arundo donax 'Versicolor'

别名　斑叶芦竹、花芦竹

科属　禾本科　芦竹属

形态特征　多年生宿根草本，具发达根状茎，粗而多结。秆粗大直立，秆高 1~3 米，具多数节，常生分枝。叶互生，排成两列，有白色条纹；叶片在春季带金边，夏季金边转化成绿色。圆锥花序长 10~40 厘米，花序形似毛帚。

物候期　花果期 9~12 月。

习性　喜光、喜温、耐水湿，不耐干旱和强光，喜疏松、肥沃及排水好的砂壤土。

生境　生长于河边、沼泽地、湖边。

产地及分布　原产地中海一带，我国广东、海南、广西、贵州、云南、台湾等南方地区有栽培。

应用　经常被引种于庭院、水榭旁、人工湖及其他水景区供观赏，尤其是与其他花卉组成大型景观。花序可用作切花，是水陆两用的观赏植物。

159 芦苇 *Phragmites australis*

别名 芦、苇子

科属 禾本科 芦苇属

形态特征 多年生宿根花卉。秆节下被蜡粉。有发达的匍匐根状茎，且茎中空光滑。叶片披针状线形，排列成两行。圆锥状花序微向下弯垂，下部枝腋间有白色柔毛。果实呈披针形。

物候期 花期 7 月，果期 8~11 月。

习性 能适应不同的生态环境，喜生于沼泽地、河漫滩和浅水湖等环境的称之为湿地芦苇；分布在干旱区绿洲农田外围、盐碱地，甚至一些沙漠区域等环境的称之为旱生芦苇。

生境 生长于江河湖泽、池塘沟渠沿岸和低湿地。

产地及分布 广泛分布在我国各地。

应用 花序雄伟美观，常用作湖边、河岸低湿处的观赏植物；有固堤、护坡、控制杂草的作用；秆为造纸原料或作编席织帘及建棚材料；根状茎供药用。

160　芒　*Miscanthus sinensis*

别名　黄金芒、芒草

科属　禾本科　芒属

形态特征　多年生苇状草本。秆高 1~2 米。叶片线形，下面疏生柔毛及被白粉，边缘粗糙。圆锥花序直立；分枝较粗硬，直立，不再分枝或基部分枝具第二次分枝；小穗披针形，黄色有光泽，基盘具等长于小穗的白色或淡黄色的丝状毛。颖果长圆形，暗紫色。

物候期　花果期 7~12 月。

习性　暖季型；喜光，耐旱，耐短期浅水。

生境　生长于海拔 1800 米以下的山脊疏林下、灌草丛中、山地、丘陵和荒坡原野。

产地及分布　产我国江苏、浙江、江西、湖南、福建、台湾、广东、海南、广西、四川、贵州、云南等地；朝鲜、日本也有分布。

应用　观赏草景观中应用广泛的一种；秆纤维用途较广，作造纸原料等。

161 白茅 *Imperata cylindrica*

别名 毛启莲、红色男爵白茅

科属 禾本科 白茅属

形态特征 多年生，具粗壮的长根状茎。秆直立，高 30~80 厘米。叶鞘聚集于秆基；秆生叶片窄线形，通常内卷，顶端渐尖呈刺状，质硬，被白粉。圆锥花序稠密，花柱细长；花穗上密生白色柔毛。颖果椭圆形，长约 1 毫米，胚长为颖果之半。

物候期 花果期 4~6 月。

习性　喜光，稍耐阴，喜肥又极耐瘠薄，喜疏松湿润土壤，相当耐水淹，也耐干旱，适应各种土壤，黏土、砂土、壤土均可生长。

生境　生长于低山带平原河岸草地、砂质草甸、荒漠与海滨。

产地及分布　产我国辽宁、河北、山西、山东、陕西、新疆等北方地区；非洲北部、土耳其、伊拉克、伊朗、中亚、高加索及地中海地区也分布。

应用　观赏草的一种；根状茎蔓延能力强，是很好的固沙植物；根茎可以食用，处于花苞时期的花穗可以鲜食；根可入药。

木通科

162　木通　*Akebia quinata*

别名　海风藤、活血藤

科属　木通科　木通属

形态特征　落叶或半常绿木质藤本。幼枝淡红褐色，老枝具灰色或银白色皮孔。掌状复叶互生或在短枝上的簇生，通常有小叶 5 片，偶有 3~4 片或 6~7 片；小叶纸质，倒卵形或倒卵状椭圆形，上面深绿色，下面青白色。伞房花序式的总状花序腋生，疏花；着生于缩短的侧枝上，基部为芽鳞片所包托；花略芳香。果孪生或单生，长圆形或椭圆形，成熟时紫色。

物候期 花期 4~5 月，果期 6~8 月。

习性 喜温暖气候，不耐寒，喜半阴环境和湿润、富含腐殖质、排水良好的酸性土壤，中性土也能适应。

生境 生长于海拔 300~1500 米的山地灌木丛、林缘和沟谷中。

产地及分布 产我国长江流域各地；日本和朝鲜也有分布。

应用 叶展似掌，春日紫花开放，秋日挂果累累，开花时繁花如织，幽香宜人，可作盆栽桩景材料。茎、根和果实药用，果味甜可食，种子榨油，可制肥皂。

163 三叶木通 *Akebia trifoliata*

别名　香蜜果、八月炸

科属　木通科　木通属

形态特征　落叶木质藤本。掌状复叶互生或在短枝上的簇生；小叶 3 片，纸质或薄革质，卵形至阔卵形，边缘具波状齿或浅裂，上面深绿色，下面浅绿色。总状花序自短枝上簇生叶中抽出。果长圆形，直或稍弯，成熟时灰白色略带淡紫色。

物候期　花期 4~5 月，果期 7~8 月。

习性 喜阴湿，耐寒，在微酸、多腐殖质的黄壤土中生长良好，也能适应中性土壤。

生境 生长于海拔250~2000米的山地沟谷边疏林或丘陵灌丛中。

产地及分布 产我国河北、山西、山东、河南、陕西南部、甘肃东南部至长江流域各地；日本也有分布。

应用 春夏观花，秋季赏果，茎蔓缠绕，是优良的垂直绿化材料。在园林中常配植花架、门廊或攀扶花格墙、栅栏之上。可药用，果可食，种子榨油，可制肥皂。

叶

芍药科

164 芍药 *Paeonia lactiflora*

别名　芍药花、将离、殿春、白芍、赤芍

科属　芍药科　芍药属

形态特征　多年生草本。根粗壮，分枝黑褐色。与牡丹相比，没有木质部茎秆，茎高 40~70 厘米，无毛。下部茎生叶为二回三出复叶，上部茎生叶为三出复叶；小叶窄卵形、椭圆形或披针形，先端渐尖，两面无毛。花数朵，生茎顶和叶腋，有时仅顶端一朵开放，径 8~11.5 厘米；花瓣 9~13，倒

卵形，长 3.5~6 厘米，白色，有时基部具深紫色斑块；花丝长 0.7~1.2 厘米，黄色。蓇葖果长 2.5~3 厘米，径 1.2~1.5 厘米，顶端具喙。

物候期　花期 5~6 月，果期 8 月。

习性　喜阳光充足、温暖湿润环境。喜疏松、肥沃、排水良好的砂质壤土，适应的温度范围较广，一般在 15~30℃ 之间都能正常生长，但冬季最低温度不宜低于 –10℃，否则会影响生长发育和花期。

生境　在东北分布于海拔 480~700 米的山坡草地及林下，在其他各地分布于海拔 1000~2300 米的山坡草地。

产地及分布　在我国分布于东北、华北、陕西及甘肃南部；朝鲜、日本、蒙古及俄罗斯西伯利亚地区也有分布。我国四川、贵州、安徽、山东、浙江等地及各城市公园也有栽培，栽培者，花瓣各色。

应用　在园林中常作专类花园及供重点美化用，亦可盆栽作室内观赏或作切花瓶插用。中国传统文化中，芍药是吉祥、和平、爱情的象征，恋人分

433

草本（藤本）篇

别时，常互赠芍药花表达难舍难分和思念之情。根可药用，称"白芍"，能镇痛、镇痉、祛瘀、通经；种子含油量约 25%，供制皂和涂料用。

葡萄科

165 地锦 *Parthenocissus tricuspidata*

别名　爬山虎、铺地锦

科属　葡萄科　地锦属

形态特征　木质落叶藤本。小枝几无毛或微被疏柔毛。卷须顶端嫩时膨大呈圆珠形，后遇附着物扩大成吸盘。单叶，通常着生在短枝上为 3 浅裂，时有着生在长枝上者小型不裂，倒卵圆形，顶端裂片急尖，基部心形，边缘有粗锯齿，上面绿色，无毛，下面浅绿色，基出脉 5。花序着生在短枝上，基部分枝，形成多歧聚伞花序，主轴不明显。果实球形。

物候期　花期 5~8 月，果期 9~10 月。

习性　喜阴湿环境，不怕强光辐射，耐寒、耐旱、耐贫瘠，对土壤要求不严，但怕积水，在土地肥沃的地方生长尤其旺盛。

生境　生长于海拔 150~1200 米的山坡崖石壁或灌丛。

产地及分布　产我国吉林、辽宁、河北、河南、山东、安徽、江苏、浙江、福建、台湾；朝鲜、日本也有分布。

应用　良好的垂直绿化植物，枝叶茂密，分枝多而斜展；根入药，能祛瘀消肿。对荒山的水土保持作用较为明显，可作为先锋植物进行种植。

166 五叶地锦

Parthenocissus quinquefolia

别名　美国地锦、美国爬山虎

科属　葡萄科　地锦属

形态特征　木质藤本。小枝无毛。卷须顶端嫩时尖细卷曲，后遇附着物扩大成吸盘。叶为掌状 5 小叶，小叶倒卵圆形、倒卵状椭圆形或外侧小叶椭圆形，顶端短尾尖，基部楔形或阔楔形，边缘有粗锯齿，上面绿色，下面浅

绿色，两面均无毛或下面脉上微被疏柔毛。圆锥状多歧聚伞花序假顶生，序轴明显；花萼碟形，边缘全缘，无毛；花瓣长椭圆形。果实球形。

物候期 花期 6~7 月，果期 8~10 月。

习性 喜温暖气候，具有一定的耐寒能力，耐阴，耐贫瘠，耐干燥，在中性或偏碱性土壤中均可生长，有一定的抗盐碱能力，抗病性强，病虫害少。

生境 常攀缘于墙壁上及棚架上。

产地及分布 原产北美。我国东北、华北各地有栽培。

应用 是优良的城市垂直绿化植物，绿化墙面、廊亭、山石或老树干，也可作地被植物；对有害气体有较强的抗性，也用作工矿街坊的绿化材料。

花

豆科

167 紫藤 *Wisteria sinensis*

别名 紫藤萝

科属 豆科 紫藤属

形态特征 落叶藤本。茎左旋，枝较粗壮。奇数羽状复叶；小叶 3~6 对，纸质，卵状椭圆形至卵状披针形，先端渐尖至尾尖，基部钝圆或楔形，或歪斜；小托叶刺毛状，宿存。总状花序发自去年生短枝的腋芽或顶芽；花芳香；花冠紫色，旗瓣圆形，先端略凹陷，花开后反折，翼瓣长圆形，基部圆，龙骨瓣较翼瓣短，阔镰形。荚果倒披针形，密被茸毛，悬垂枝上不脱落。

物候期　花期 4~5 月，果期 5~8 月。

习性　较耐寒，能耐水湿及瘠薄土壤，喜光，较耐阴，以向阳背风的地方栽培最适宜；紫藤生长较快，寿命长，缠绕能力强，对其他植物有绞杀作用。

生境　生长于海拔 500~1000 米的山谷沟坡、山坡灌丛中。

产地及分布　产我国河北以南、陕西、河南、广西、贵州、云南等地。

应用 用作观赏植物，自古即栽培作庭园棚架植物，先叶开花，紫穗满垂，缀以稀疏嫩叶，十分优美；花可提炼芳香油，亦可食用。

168 油麻藤 *Mucuna sempervirens*

别名 棉麻藤、常春油麻藤

科属 豆科　油麻藤属

形态特征 常绿木质藤本，树皮有皱纹，幼茎有纵棱和皮孔。羽状复叶具 3 小叶，小叶纸质或革质，顶生小叶椭圆形、长圆形或卵状椭圆形，侧生小叶极偏斜。总状花序生于老茎上，每节上有 3 花，无香气或有臭味；花萼密被暗褐色贴伏短毛，外面被稀疏的金黄色或红褐色脱落的长硬毛；花冠深紫色，干后黑色，旗瓣圆形，先端凹。果木质，带形，种子间缢缩，近念珠状。

物候期 花期 4~5 月，果期 8~10 月。

习性 喜光，也耐阴，喜温暖湿润气候，适应性强，耐寒，耐干旱和耐瘠薄，对土壤要求不严，喜深厚、肥沃、排水良好、疏松的土壤。

生境　生长于亚热带森林、灌木丛、溪谷、河边。

产地及分布　产我国四川、贵州、云南、陕西南部（秦岭南坡）、湖北、浙江、江西、湖南、福建、广东、广西；日本也有分布。

应用　观赏价值较高的垂直绿化藤本植物；茎藤药用，有活血散瘀、舒筋活络的功效；茎皮可织草袋及制纸；块根可提取淀粉；种子可榨油。

169　云实　*Caesalpinia decapetala*

别名　天豆、水皂角

科属　豆科　云实属

形态特征　藤本。枝、叶轴和花序均被柔毛和钩刺。二回羽状复叶，长20~30厘米，具柄，基部有刺1对；小叶8~12对，对生，膜质，长圆形，两端近圆钝，两面被短柔毛。总状花序顶生，总花梗多刺，花瓣黄色，膜质，圆形或倒卵形。荚果长圆状舌形，长6~12厘米，宽2.5~3厘米，脆革质，栗褐色，无毛无刺，有光泽；种子6~9，椭圆形，长约1厘米，种皮棕色。

物候期　花果期 4~10 月。

习性　喜光，适应性强。

生境　生长于山坡灌丛中及平原、丘陵、河旁等地。

产地及分布　原产我国广东、广西、湖南、湖北、江苏、浙江、云南、四川、江西、福建；在亚洲热带和温带地区有分布。

应用　具有药用价值和经济价值，又常栽培作为绿篱。

蔷薇科

170 木香 *Rosa banksiae*

别名　七里香、金樱

科属　蔷薇科　蔷薇属

形态特征　高可达 6 米。小枝圆柱形，无毛，有短小皮刺；老枝上的皮刺较大，坚硬，经栽培后有时枝条无刺。小叶 3~5，稀 7，连叶柄长 4~6 厘

米；小叶片椭圆状卵形或长圆状披针形，长 2~5 厘米，边缘有紧贴细锯齿，上面无毛，深绿色，下面淡绿色，中脉突起，沿脉有柔毛；小叶柄和叶轴有稀疏柔毛和散生小皮刺；托叶线状披针形，膜质，离生，早落。花小型，多朵成伞形花序，花瓣重瓣至半重瓣，白色，倒卵形。

物候期　花期 4~5 月。

习性　喜光，也耐阴，喜温暖气候，有一定的耐寒能力。

生境　生长于海拔 500~1300 米的溪边、路旁或山坡灌丛中。

产地及分布　产我国四川、云南。

应用　花含芳香油，可供配制香精化妆品用。著名观赏植物，常栽培供攀缘棚架之用。

卫矛科

171 扶芳藤 *Euonymus fortunei*

别名 爬行卫矛、胶东卫矛

科属 卫矛科 卫矛属

形态特征 常绿藤本灌木。小枝方棱不明显。叶薄革质，椭圆形、长方椭圆形或长倒卵形，宽窄变异较大，可窄至近披针形，边缘齿浅不明显。聚伞花序 3~4 次分枝；小聚伞花序密集，分枝中央有单花；花白绿色，4 数。蒴果粉红色，果皮光滑，近球状；假种皮鲜红色，全包种子。

物候期　花期 6 月，果期 10 月。

习性　喜温暖、湿润环境，喜阳光，亦耐阴。

生境　生长于山坡丛林中。

产地及分布　产我国江苏、浙江、安徽、江西、湖北、湖南、四川、陕西等地。

应用　适宜在林缘、林下作地被，也可点缀墙脚、山石、老树等；茎枝可入药。

172 角菫 *Viola cornuta*

别名 小三色菫

科属 菫菜科 菫菜属

形态特征 一、二年生草本。株高 10~20 厘米，具根状茎。地上茎短。叶为单叶，长卵形，先端钝圆，基部近心形，叶边缘具缺刻。花梗从叶腋抽生而出，顶生，花小，直径 3 厘米左右，花瓣 5，具各种颜色。

物候期　花期夏至秋。

习性　性喜冷凉及阳光充足的环境，不耐热；喜疏松肥沃的壤土，忌积水，生长适温 10~22℃。

生境　生长于海拔 1000~2300 米的山区。

产地及分布　主要分布于北半球的温带地区。

应用　株型小巧，花色极为丰富，且开花早，花期极长，观赏价值很高，多用于布置花坛、花境等，也适合公园、绿地、庭院等路边栽培或营造群体景观。

蓼科

173 千叶吊兰

Muehlenbeckia complexa

别名 千叶兰、铁线兰

科属 蓼科 千叶兰属

形态特征 多年生常绿藤本，呈匍匐状，茎红褐色或黑褐色。叶小，互生，心形或近圆形，先端尖，基部近截平。花小，黄绿色。

花

物候期 多在夏季和秋季的温暖时节开花。

习性 喜温暖湿润的环境，喜阳亦耐阴，耐寒性强，适应性强，宜松肥沃、排水良好的砂质土壤。

生境 常栽培于室内。

产地及分布 原产新西兰，我国长三角地区有栽培应用。

应用 可吸收大量有害气体，可净化室内空气；全草可入药；株型饱满，枝叶婆娑，适合作吊盆栽种。

石竹科

174 **瞿麦** *Dianthus superbus*

科属 石竹科 石竹属

形态特征 多年生，高 50~60 厘米，茎丛生，直立，绿色。叶片线状披针形，长 5~10 厘米，基部合生成鞘状，绿色，有时带粉绿色。花 1~2 朵顶生，有时顶下腋生；苞片 2~3 对，倒卵形；花萼圆筒形，花瓣长 4~5 厘米，爪长 1.5~3 厘米，包于萼筒内，通常淡红色或带紫色，喉部具丝毛状鳞片。

蒴果圆筒形，顶端 4 裂；种子扁卵圆形，黑色，有光泽。

物候期　花期 6~9 月，果期 8~10 月。

习性　对土壤要求不严，砂质土、壤土均可生长，根系不耐积水。充足阳光可促进开花，也能适应半阴环境，夏季持续暴晒需遮阴。

生境　可生长于海拔 400~3700 米的丘陵山地疏林下、林缘、草甸、沟谷溪边。

产地及分布　产我国东北、华北、西北及山东、江苏、浙江、江西、河南、湖北、四川、贵州等地；北欧、中欧、西伯利亚及哈萨克斯坦、蒙古（西部和北部）、朝鲜、日本也有分布。

应用　花瓣淡紫色或粉红色，边缘深裂呈流苏状，具淡香，清雅纤细，与江南园林意境相契合，富有野趣兼具水土保持的生态功能，维护成本较低，多用于山地边坡、驳岸绿化。全草经专业处理后可入药，有清热、利尿、破血通经功效。也可作农药，能杀虫。

夹竹桃科

175 络石

Trachelospermum jasminoides

别名 风车藤、万字茉莉

科属 夹竹桃科 络石属

形态特征 常绿木质藤本，具乳汁。茎赤褐色，圆柱形，有皮孔。叶革质或近革质，椭圆形至卵状椭圆形或宽倒卵形，叶面无毛；叶面中脉微凹，叶背中脉凸起；叶柄短。二歧聚伞花序圆锥状，总花梗长；花白色，芳香；

花萼 5 深裂，裂片线状披针形，顶部反卷，基部具 10 枚鳞片状腺体。蓇葖双生，叉开，线状披针形。

物候期　花期 3~8 月，果期 6~12 月。

习性　耐寒，耐暑热，但忌严寒。

生境　常生长于山野岩石上，或攀附在墙壁、树上。

产地及分布　本种分布很广，我国山东、安徽、江苏、浙江、河北、河南、湖北、湖南、广东、广西、贵州、四川、陕西、甘肃、宁夏等地均有分布。

应用　对粉尘的吸滞能力强，用作污染严重厂区绿化。根、茎、叶、果实供药用。茎皮纤维拉力强，可制绳索、造纸及人造棉。花芳香，可提取"络石浸膏"。

车前科

176 金鱼草 *Antirrhinum majus*

别名 龙头花、狮子花

科属 车前科　金鱼草属

形态特征　常作一、二年生花卉栽培。茎直立，高 30~80 厘米。茎下部的叶对生，上部的互生；叶片披针形至长圆状披针形，先端渐尖，基部楔

形，全缘。总状花序顶生，花冠二唇形，基部膨大，有火红、金黄、艳粉、纯白和复色等色。蒴果卵形。

物候期　花果期 6~10 月。

习性　较耐寒，不耐热；喜阳光，也耐半阴；喜肥沃、疏松和排水良好的微酸性砂质壤土；对光照长短反应不敏感；生长适温 16~26℃。

生境　栽培于庭院、公园。

产地及分布　原产地中海沿岸，现各地都有栽培。

应用　为常见的庭园花卉，矮性种常用于花坛、花境、路边栽培及室内观赏；高性种常用作切花，也可作背景材料；全草可入药。

唇形科

177 林荫鼠尾草 *Salvia nemorosa*

别名　森林鼠尾草、林地鼠尾草

科属　唇形科　鼠尾草属

形态特征　多年生草本，株高 50~90 厘米。叶对生，长椭圆状或近披针形，叶面皱，先端尖，具柄。轮伞花序再组成穗状花序，长达 30~50 厘米，

花冠二唇形，略等长，下唇反折，蓝紫色、粉红色。

物候期　花期夏至秋。

习性　在阳光充足、干燥至中等湿润、排水良好的土壤中很容易生长；喜欢潮湿的砾石或砂质土壤；不耐较长的雨季和潮湿的气候，耐干旱。

生境　栽培于公园、庭院。

产地及分布　原产欧洲。

应用　为庭园观赏植物。

菊科

178 大花金鸡菊
Coreopsis grandiflora

别名　大花波斯菊

科属　菊科　金鸡菊属

形态特征　多年生草本，高 20~100 厘米，茎直立。叶对生；基部叶有长柄，披针形或匙形；下部叶羽状全裂，裂片长圆形；中部及上部叶 3~5 深裂，裂片线形或披针形，中裂片较大。头状花序单生于枝端，具长花序

花

梗；总苞片披针形；托片线状钻形；舌状花 6~10 个，舌片宽大，黄色；管状花窄钟形，两性。瘦果广椭圆形或近圆形，边缘具膜质宽翅，顶端具 2 短鳞片。

物候期　花期 5~9 月。

习性　耐旱，耐寒，耐热，适宜肥沃、湿润、排水良好的砂壤土。

生境　栽培于庭院。

产地及分布　原产美洲；我国各地常见栽培，主要分布于西南、华南地区，有时归化逸为野生。

应用　用作观赏植物，是花境、坡地、庭院、街心花园的美化材料；也可用作切花；其还有固土护坡作用，可用于公路绿化。

179 大吴风草 *Farfugium japonicum*

别名 活血莲、独脚莲

科属 菊科 大吴风草属

形态特征 多年生莲状草本。花葶高达 70 厘米。基生叶莲座状，肾形，先端圆，全缘或有小齿或掌状浅裂；叶柄长 15~25 厘米，幼时密被淡黄色柔毛；茎生叶 1~3，苞叶状，长圆形或线状披针形。头状花序辐射状，排成伞房状花；总苞钟形或宽陀螺形，舌状花黄色，舌片长圆形或匙状长圆形；管状花多数。瘦果圆柱形，有纵肋。

物候期　花果期 8 月至翌年 3 月。

习性　喜半阴和湿润环境，忌干旱和夏季阳光直射，比较耐寒，生长适宜温度为 12~25℃，可忍耐夏日 38℃的高温。对土壤适应性较强，以肥沃疏松、排水良好的壤土为宜。

生境　生长于低海拔地区的林下、山谷及草丛；也栽培于一些植物园中和庭院中。

产地及分布　原产我国浙江、福建、台湾、广东（南部）、香港、湖南北部、湖北及四川（东南部）等地；日本也有分布。

应用　姿态优美，花艳叶翠，观赏期长，是优良的园林植物，可丛植、片植于公园绿地、居住区、道路绿地等；根部可入药。

花

180 常春藤

Hedera nepalensis var. sinensis

别名　爬崖藤、狗姆蛇

科属　五加科　常春藤属

形态特征　常绿攀缘灌木。茎灰棕色或黑棕色，有气生根。叶片革质，在不育枝上通常为三角状卵形至箭形，先端渐尖，基部截形，边缘全缘或3裂，花枝上的叶片通常为椭圆状卵形，略歪斜而带菱形，基部楔形至圆形。

伞形花序单个顶生，或 2~7 个总状排列或伞房状排列成圆锥花序；花淡黄白色或淡绿白色，芳香，花瓣 5，三角状卵形。果实球形，红色或黄色，宿存花柱长。

物候期　花期 9~11 月，果期翌年 3~5 月。

习性　喜半阴环境，在温暖湿润的气候条件下生长良好，耐寒性较强。对土壤要求不严，喜湿润、疏松、肥沃的土壤，不耐盐碱。

生境　常攀缘生长于林缘树木、林下路旁、岩石和房屋墙壁上，庭园中也有栽培。

产地及分布　在我国分布地区广，北自甘肃东南部、陕西南部、河南、山东，南至广东（海南岛除外）、江西、福建，西自西藏波密，东至江苏、浙江的广大区域内均有生长；越南也有分布。

应用　全株供药用。

参考文献

高亚红.杭州植物园木本植物图鉴[M].杭州:浙江科学技术出版社,2016.

杭州植物志编纂委员会.杭州植物志[M].杭州:浙江大学出版社,2017.

吴玲.杭州园林植物[M].北京:中国建筑工业出版社,2017.

章银柯,余金良,马骏驰,等.杭州西湖古树名木[M].北京:中国林业出版社,2021.

浙江植物志(新编)编辑委员会.浙江植物志(新编)[M].杭州:浙江科学技术出版社,2020.

中国科学院中国植物志编辑委员会.中国植物志[M].北京:科学出版社,1993.

索引

学名索引